「[新版]わかりやすいボイラー及び圧力容器安全規則(第2版第1刷)」における改訂および正誤表

| 頁 | 改正(修正)前 | 改正(修正)後 |
| --- | --- | --- |
| 12 | 1.3.4 電気ボイラー<br>電力設備容量 20kW を1㎡とみなしてその最大電力設備容量を換算した面積を求める。<br>最大電力設備容量をEkW とすると、電気ボイラーの伝熱面積HSは、<br>HS = 0.05E㎡となる。 | 1.3.4 電気ボイラー<br>電力設備容量 60kW を1㎡とみなしてその最大電力設備容量を換算した面積を求める。<br>最大電力設備容量をEkW とすると、電気ボイラーの伝熱面積HSは、<br>$HS = \frac{1}{60}$ E㎡となる。 |
| 44<br>45 | 図 2.3 | 図 2.4 |
| 69 | ⑥その他<br>ⅲ)ボ則第 75 条ただし書きにより、監督署長が認めたボイラーの性能検査を受けようとする者は、・・・ | ⑥その他<br>ⅲ)ボ則第 75 条ただし書きにより、監督署長が認めた第一種圧力容器の性能検査を受け・・・ |
| 71 | ⑦その他<br>①の変更届を必要とする部分又は設備以外のもの、例えば煙管ボイラーの煙管や水管ボイラーの水管は自由に取替え、修繕できる。 | ⑦その他<br>①の変更届を必要とする部分又は<br>例えば蒸煮器のふた板締付けボル<br>自由に取替え、修繕できる。 |

| 頁 | 改正(修正)前 | 改正(修正)後 |
| --- | --- | --- |
| 73上から8行目 | ⑥その他<br>休止の後、ボイラー検査証の有効期限を超えて使用しようとするボイラーについては、次項の使用再開検査に合格する必要がある。 | ⑥その他<br>休止の後、第一種圧力容器検査証の有効期限を超えて使用しようとする第一種圧力容器については、次項の使用再開検査に合格する必要がある。 |

［新版］

# わかりやすい
# ボイラー及び圧力容器
# 安全規則

# はじめに

ボイラー・圧力容器は、加熱に際して油、ガス等を燃焼させ、内部に膨大なエネルギーを保有しているので、その取扱いや保守管理を誤ると、破裂、ガス爆発等の重大な災害を発生させるばかりでなく、大気汚染や地球環境悪化の原因となりかねない。

特に、ボイラー・圧力容器の災害を防止するため、労働安全衛生法に基づくボイラー及び圧力容器安全規則により、設備面からの安全の確保と保守管理を含めた取扱いの両面から規制が行われている。

具体的には、ボイラー・圧力容器の取扱い作業に携わる者に対して、免許制度や技能講習制度が設けられている。

一般社団法人日本ボイラ協会では、ボイラー技士を志す方々のために、免許試験の受験参考書として「最短合格‼　２級ボイラー技士試験」と併せて、免許試験のために必要なボイラー関係法令を平易に解説した図書として、また、ボイラー・圧力容器の取扱い業務に携わる方々のボイラー・圧力容器関係法令の理解を深めるための参考書として本書を刊行したものである。

本書が一級・二級ボイラー技士免許試験を受験しようとする方々やボイラー・圧力容器関係の講習を受講される方々に広く利用されるとともに、ボイラー技士の資格を取得され、業務に就かれた方々も、法令の理解を深めることが重要であることから、日常の業務遂行上の参考書として活用されることを期待するものである。

2023年7月　　一般社団法人　日本ボイラ協会

会長　　刑部　真弘

# 目　次



## 1　総　則



## 2　ボイラー

## 3　小型ボイラー



## 4　簡易ボイラー

# 5　第一種圧力容器

## 6 第二種圧力容器



## 7 小型圧力容器

## 8　その他の圧力容器



## 9　免　許

## 10　各種技能講習

## 11　雑　則



## 12　ボイラー構造規格（抜粋）

## 13　圧力容器構造規格（抜粋）

# 本書を使うにあたって

法令を勉強するに当たって、一般に法令条文の読み取りだけでは内容を理解することが困難と言われている。

本書は、「ボイラー及び圧力容器安全規則」を主とするボイラー関係法令について、その内容を平易に解説することにより法令の知識を理解していただくものである。

また、本文中には、法令の条文を読むときに便利なように欄外に根拠法令とその条文番号などを掲げてあるが一級・二級ボイラー技士免許試験受験勉強としては、条文の内容を理解すればよく、条文番号を記憶する必要はない。法令の名称は、条文番号の前に次の略字で記した。

法　:労働安全衛生法（昭和47年法律第57号）

令　:労働安全衛生法施行令（昭和47年政令第318号）

**ボ則**:ボイラー及び圧力容器安全規則（昭和47年労働省令第33号）

規　:労働安全衛生規則（昭和47年労働省令第32号）

検則:機械等検定規則（昭和47年労働省令第45号）

その他、「通達」と記したものは法令の運用にあたっての解釈などが示された施行通達によるものである。

なお、本書末尾に「参考」として法令に親しみを持てるよう法令の体系、法令に用いられる用語の意味などの説明を記した。この参考にある規則の組立てや法令に用いられる用語は法令を理解する助けになるものである。

# 1 総 則

該当条文等（注）

総則では、ボイラー及び圧力容器安全規則全体について共通するボイラー等の定義（この規則で使っている重要な用語の意味を明確にしたもの。）と伝熱面積の計算方法を定めている。

## 1.1 ボイラーの定義

「ボイラー」には、「蒸気ボイラー」と「温水ボイラー」とがあり、それぞれ次の三つの要件を満足するものをいう。

### 1.1.1 蒸気ボイラー

令 1

通 達
S47.9.18
基発第 602 号

(1) **熱源**が火気・高温ガス又は電気であること。

(2) 水又は熱媒を加熱して大気圧を超える圧力の**蒸気**を作る装置であること。

(3) 作った蒸気を他に**供給する**装置であること。

なお、蒸気を発生させても熱源が(1)に挙げたものでないもの、例えば蒸気を熱源とする蒸気発生器は、蒸気ボイラーには該当しないのである。また、蒸気を発生させてもこれを他に供給しない直火式の蒸煮器や消毒器は(3)の要件を満足しないので、蒸気ボイラーには該当しない。

(2)の**熱媒**とは、熱の伝達に用いられる物質（流体）をいい、熱媒油（芳香族又は石油系炭化水素、芳香族塩素誘導体などでNeoSK油、ダウサム油などが用いられている。）など圧力に対して飽和温度の高い流体が用いられる。

---

**(注)**「法」は労働安全衛生法、「令」は労働安全衛生法施行令、「**ボ則**」はボイラー及び圧力容器安全規則、「規」は労働安全衛生規則、「検則」は機械等検定規則の略称である。また、「通達」は法令等の施行通達によることを示す。

### 1.1.2　温水ボイラー

温水ボイラーは、前述の「蒸気ボイラー」の3要件の中の(2)及び(3)の中の「蒸気」を「温水」に置き換えて読めばよい。

令　1

通　達
S47.9.18
基発第602号

総則

### 1.1.3　ボイラーの区分

ボイラーは、その大きさなどの規模によって小さいものから、①**簡易ボイラー**　②**小型ボイラー**　③**ボイラー**に区分され、それぞれの危険度に応じて段階的に規制が厳しくなっている。

なお、温水ボイラーのうち、大気開放型であって、その内部の圧力が0.05MPaを超えることのないものにあっては、いずれの区分にも該当しない。

以下、規模の小さいボイラーから順にその区分を説明する。

#### (1)　簡易ボイラー

次のいずれかに該当する規模の小さいボイラーを「簡易ボイラー」といい、構造規格の遵守が義務づけられているが、ボイラー及び圧力容器安全規則の適用が除外されており、監督官庁などによる検査は義務づけられていない（第4章（57ページ）参照）。

令　1
令　13

イ．ゲージ圧力[注]**0.1MPa以下**で使用する蒸気ボイラーで、伝熱面積が**0.5㎡以下**のもの又は胴の内径が**200㎜以下**で、かつ、その長さが**400㎜以下**のもの

**注**　絶対圧力が絶対真空をゼロとするのに対して、ゲージ圧力は大気圧をゼロとする相対的な圧力（大気圧との差を示す圧力）である。特に断らない場合に本書で用いる「圧力」は、「ゲージ圧力」である。

ロ．ゲージ圧力**0.3MPa以下**で使用する蒸気ボイラーで、内容積が**0.0003㎥以下**のもの

ハ．伝熱面積が**2㎡以下**の蒸気ボイラーで、大気に開放した内径が**25㎜以上**の蒸気管を取り付けたもの又は

ゲージ圧力**0.05MPa以下**で、かつ、内径が**25㎜以上**のU形立管を蒸気部に取り付けたもの

ニ．ゲージ圧力**0.1メガパスカル以下**の温水ボイラーで、伝熱面積が**4平方メートル以下**（木質バイオマス温水ボイラー（動植物に由来する有機物でエネルギー源として利用することができるもの（原油、石油ガス、可燃性天然ガス及び石炭並びにこれらから製造される製品を除く。）のうち木竹に由来するものを燃料とする温水ボイラーをいう。ホにおいて同じ。）にあっては、**16平方メートル以下**）のもの

ホ．ゲージ圧力**0.6メガパスカル以下**で、かつ、摂氏100度以下で使用する木質バイオマス温水ボイラーで、伝熱面積が**32平方メートル以下**のもの

ヘ．ゲージ圧力**1メガパスカル以下**で使用する貫流ボイラー（管寄せの内径が**150ミリメートルを超える**多管式のものを除く。）で、伝熱面積が**5平方メートル以下**のもの（気水分離器を有するものにあっては、当該気水分離器の内径が**200ミリメートル以下**で、かつ、その内容積が**0.02立方メートル以下**のものに限る。）

ト．内容積が**0.004立方メートル以下**の貫流ボイラー（管寄せ及び気水分離器のいずれをも有しないものに限る。）で、その使用する最高のゲージ圧力をメガパスカルで表した数値と内容積を立方メートルで表した数値との積が**0.02以下**のもの

**(2) 小型ボイラー**

前述の簡易ボイラーより規模の大きいボイラーで、次のいずれかに該当するものを「小型ボイラー」といい、構造規格の遵守、製造時の個別検定、設置時の設置報告

令 1
令 13
**ボ則 1**

などが義務づけられている（第3章（53ページ）参照）。

イ．ゲージ圧力**0.1MPa以下**で使用する蒸気ボイラーで、伝熱面積が**1㎡以下**のもの又は胴の内径が**300㎜以下**で、かつ、その長さが**600㎜以下**のもの

ロ．伝熱面積が**3.5㎡以下**の蒸気ボイラーで、大気に開放した内径が**25㎜以上**の蒸気管を取り付けたもの又はゲージ圧力**0.05MPa以下**で、かつ、内径が**25㎜以上**のU形立管を蒸気部に取り付けたもの

ハ．ゲージ圧力**0.1MPa以下**の温水ボイラーで、伝熱面積が**8㎡以下**のもの

ニ．ゲージ圧力**0.2MPa以下**の温水ボイラーで、伝熱面積が**2㎡以下**のもの

ホ．ゲージ圧力**1MPa以下**で使用する貫流ボイラー（管寄せの内径が**150㎜を超える**多管式のものを除く。）で、伝熱面積が**10㎡以下**のもの（気水分離器を有するものでは、その気水分離器の内径が**300㎜以下**で、かつ、その内容積が**0.07㎥以下**のものに限る。）

### (3) ボイラー

令 1
**ボ則 1**

前述の簡易ボイラー及び小型ボイラーのいずれにも該当しない規模の大きいボイラーで、製造許可をはじめ、製造、設置、使用中などの各段階での監督官庁などによる検査が義務づけられている（第2章（18ページ）参照）。

また、このボイラーについて、取扱うことのできる資格者などの関係から、整理上、次に該当するもの（小型ボイラー及び簡易ボイラーに該当するものを除く。）を通称として「**小規模ボイラー**」と呼んで特定している。なお、通称は法令用語ではない。

令 20
**ボ則 23**

イ．胴の内径が**750㎜以下**で、かつ、その長さが**1,300㎜**

**以下**の蒸気ボイラー

ロ．伝熱面積が **3㎡以下**の蒸気ボイラー

ハ．伝熱面積が **14㎡以下**の温水ボイラー

ニ．伝熱面積が **30㎡以下**の貫流ボイラー（気水分離器を有するものでは、その内径が **400㎜以下**で、かつ、その内容積が **0.4㎥以下**のものに限る。）

以上のボイラーの適用区分を図解すると**図 1.1** (1)〜(4)のとおりとなる。その他、附録2の規制一覧表を参照されたい。

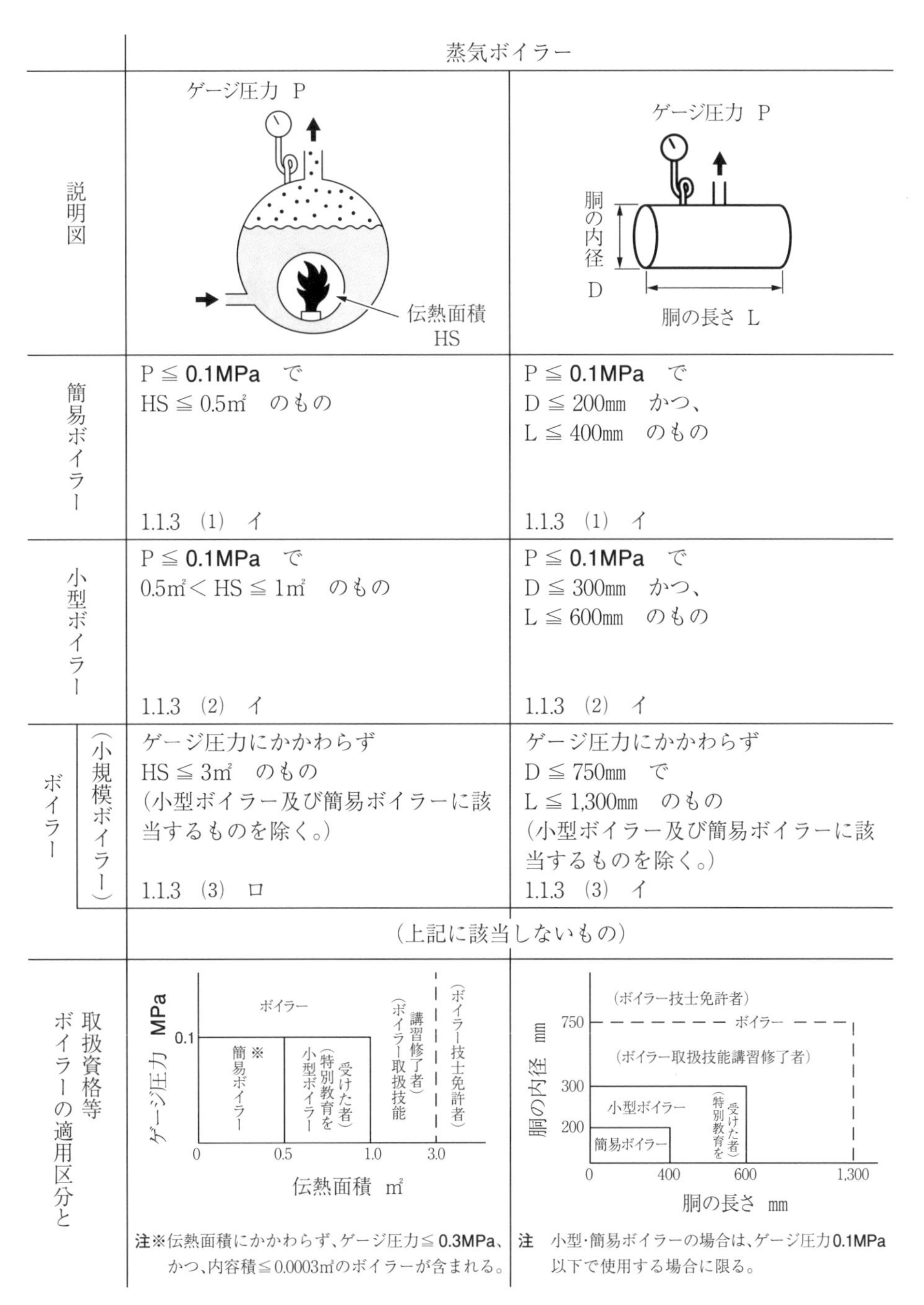

| | 蒸気ボイラー | |
|---|---|---|
| 説明図 | ゲージ圧力 P<br>伝熱面積 HS | ゲージ圧力 P<br>胴の内径 D<br>胴の長さ L |
| 簡易ボイラー | P ≦ **0.1MPa**　で<br>HS ≦ 0.5㎡　のもの<br>1.1.3 (1) イ | P ≦ **0.1MPa**　で<br>D ≦ 200㎜　かつ、<br>L ≦ 400㎜　のもの<br>1.1.3 (1) イ |
| 小型ボイラー | P ≦ **0.1MPa**　で<br>0.5㎡ < HS ≦ 1㎡　のもの<br>1.1.3 (2) イ | P ≦ **0.1MPa**　で<br>D ≦ 300㎜　かつ、<br>L ≦ 600㎜　のもの<br>1.1.3 (2) イ |
| ボイラー（小規模ボイラー） | ゲージ圧力にかかわらず<br>HS ≦ 3㎡　のもの<br>（小型ボイラー及び簡易ボイラーに該当するものを除く。）<br>1.1.3 (3) ロ | ゲージ圧力にかかわらず<br>D ≦ 750㎜　で<br>L ≦ 1,300㎜　のもの<br>（小型ボイラー及び簡易ボイラーに該当するものを除く。）<br>1.1.3 (3) イ |
| ボイラー | （上記に該当しないもの） | |
| ボイラーの適用区分と取扱資格等 | 注※伝熱面積にかかわらず、ゲージ圧力≦ **0.3MPa**、かつ、内容積≦ 0.0003㎥のボイラーが含まれる。 | 注　小型·簡易ボイラーの場合は、ゲージ圧力 **0.1MPa** 以下で使用する場合に限る。 |



**図 1.1 (1)　ボイラーの適用区分**

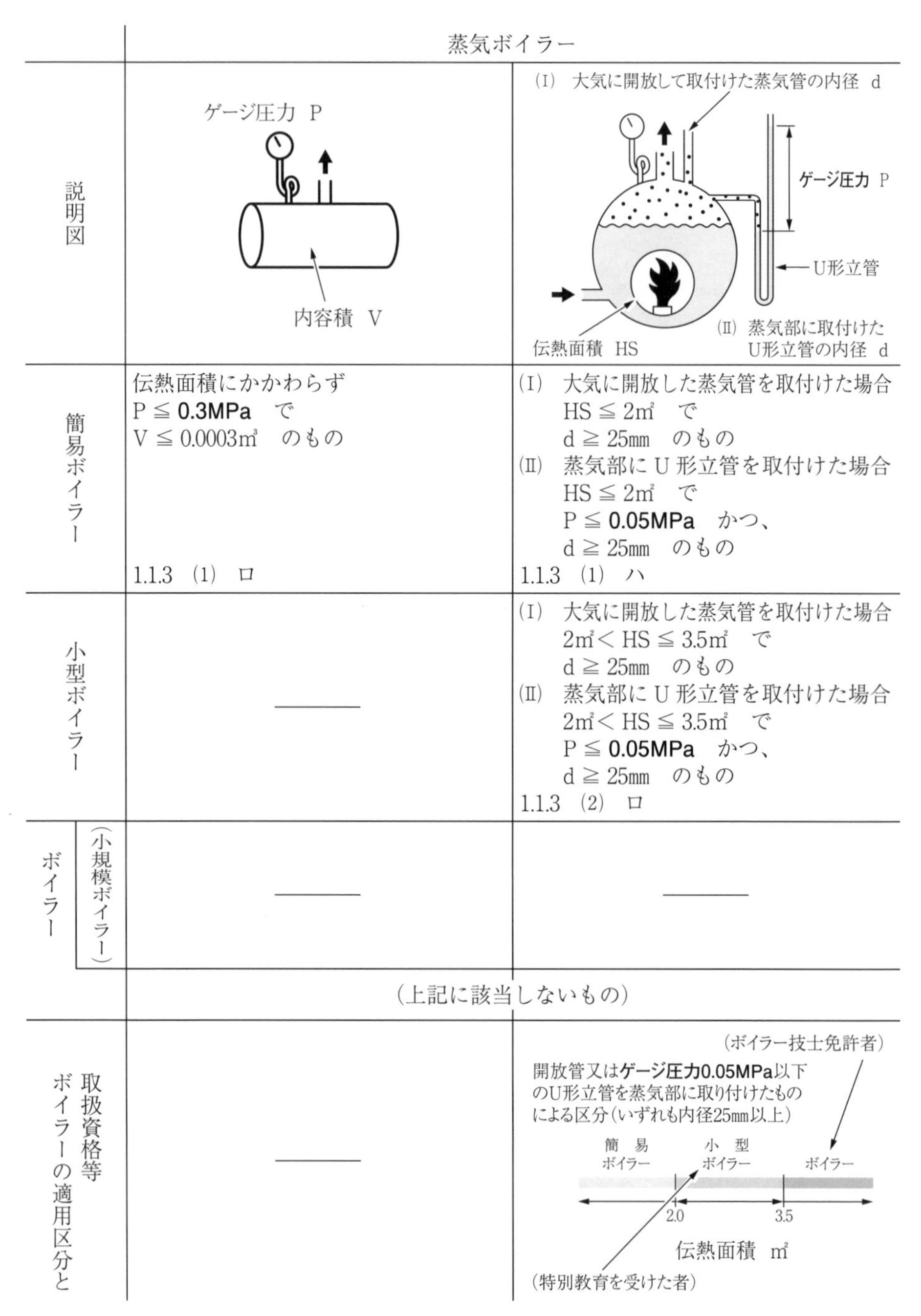


| | 蒸気ボイラー | |
|---|---|---|
| 説明図 | (図) | (図) |
| 簡易ボイラー | 伝熱面積にかかわらず<br>P ≦ **0.3MPa** で<br>V ≦ 0.0003m³ のもの<br>1.1.3 (1) ロ | (I) 大気に開放した蒸気管を取付けた場合<br>HS ≦ 2m² で<br>d ≧ 25mm のもの<br>(II) 蒸気部に U 形立管を取付けた場合<br>HS ≦ 2m² で<br>P ≦ **0.05MPa** かつ、<br>d ≧ 25mm のもの<br>1.1.3 (1) ハ |
| 小型ボイラー | ――― | (I) 大気に開放した蒸気管を取付けた場合<br>2m² < HS ≦ 3.5m² で<br>d ≧ 25mm のもの<br>(II) 蒸気部に U 形立管を取付けた場合<br>2m² < HS ≦ 3.5m² で<br>P ≦ **0.05MPa** かつ、<br>d ≧ 25mm のもの<br>1.1.3 (2) ロ |
| ボイラー (小規模ボイラー) | ――― | ――― |
| | (上記に該当しないもの) | |
| ボイラーの適用区分と取扱資格等 | ――― | (図) |

**図 1.1(2) ボイラーの適用区分**

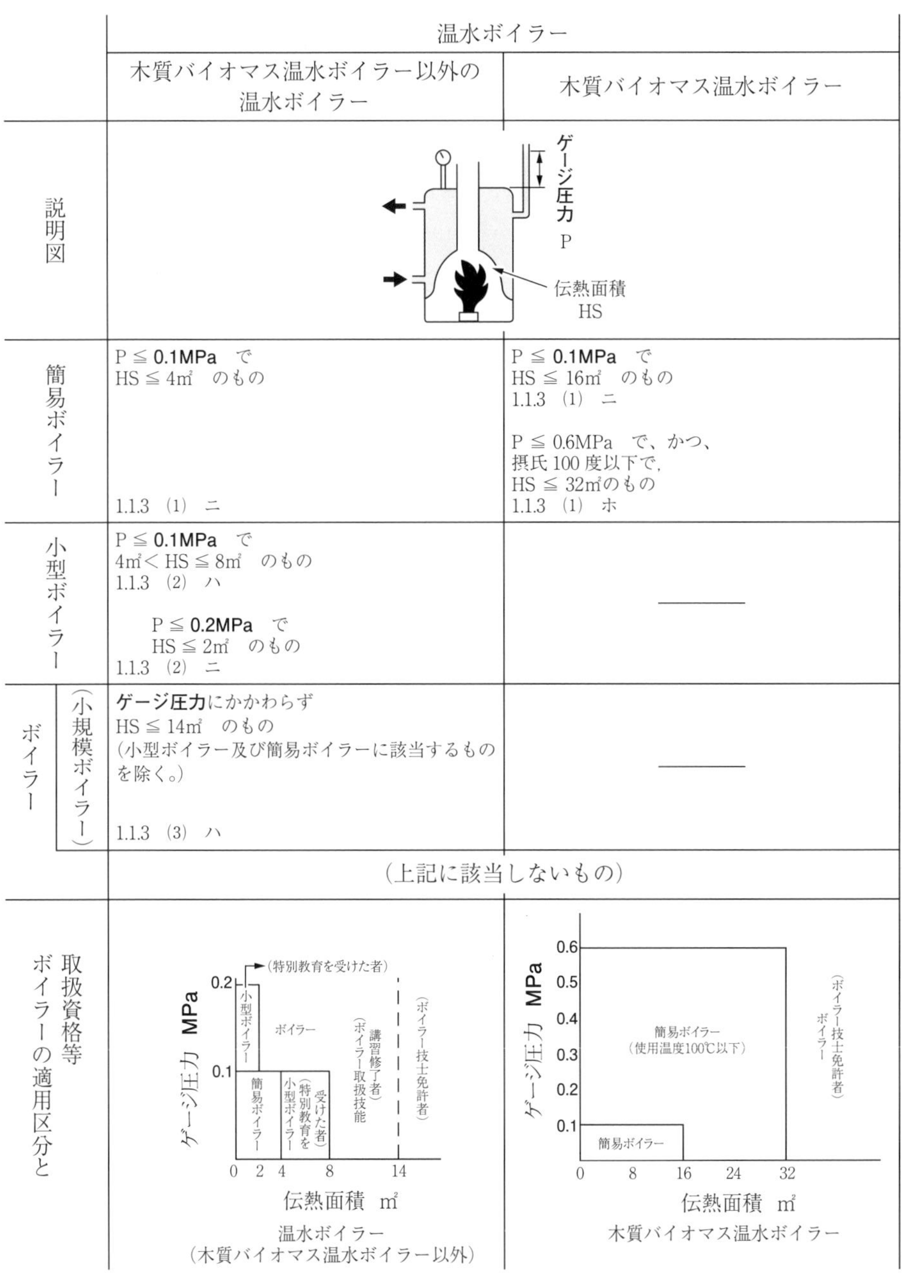

| | 温水ボイラー | |
|---|---|---|
| | 木質バイオマス温水ボイラー以外の温水ボイラー | 木質バイオマス温水ボイラー |
| 説明図 | ゲージ圧力 P<br>伝熱面積 HS | |
| 簡易ボイラー | P ≦ 0.1MPa　で<br>HS ≦ 4m²　のもの<br>1.1.3 (1) ニ | P ≦ 0.1MPa　で<br>HS ≦ 16m²　のもの<br>1.1.3 (1) ニ<br><br>P ≦ 0.6MPa　で、かつ、<br>摂氏 100 度以下で,<br>HS ≦ 32m²のもの<br>1.1.3 (1) ホ |
| 小型ボイラー | P ≦ 0.1MPa　で<br>4m² < HS ≦ 8m²　のもの<br>1.1.3 (2) ハ<br><br>P ≦ 0.2MPa　で<br>HS ≦ 2m²　のもの<br>1.1.3 (2) ニ | ――― |
| ボイラー（小規模ボイラー） | **ゲージ圧力**にかかわらず<br>HS ≦ 14m²　のもの<br>(小型ボイラー及び簡易ボイラーに該当するものを除く。)<br>1.1.3 (3) ハ | ――― |
| ボイラー | (上記に該当しないもの) | |
| ボイラーの適用区分と取扱資格等 | ゲージ圧力 MPa（0.1, 0.2）／伝熱面積 m²（0, 2, 4, 8, 14）<br>小型ボイラー →（特別教育を受けた者）<br>ボイラー<br>簡易ボイラー<br>小型ボイラー（特別教育を受けた者）<br>講習修了者（ボイラー取扱技能）<br>（ボイラー技士免許者）<br>温水ボイラー（木質バイオマス温水ボイラー以外） | ゲージ圧力 MPa（0.1, 0.2, 0.3, 0.4, 0.5, 0.6）／伝熱面積 m²（0, 8, 16, 24, 32）<br>簡易ボイラー<br>簡易ボイラー（使用温度100℃以下）<br>ボイラー（ボイラー技士免許者）<br>木質バイオマス温水ボイラー |

注）温水ボイラーのうち、大気開放型であって、その内部の圧力が 0.05MPa を超えることのないものにあっては、いずれの区分のボイラーにも該当しないこと。

**図 1.1 (3)　ボイラーの適用区分**

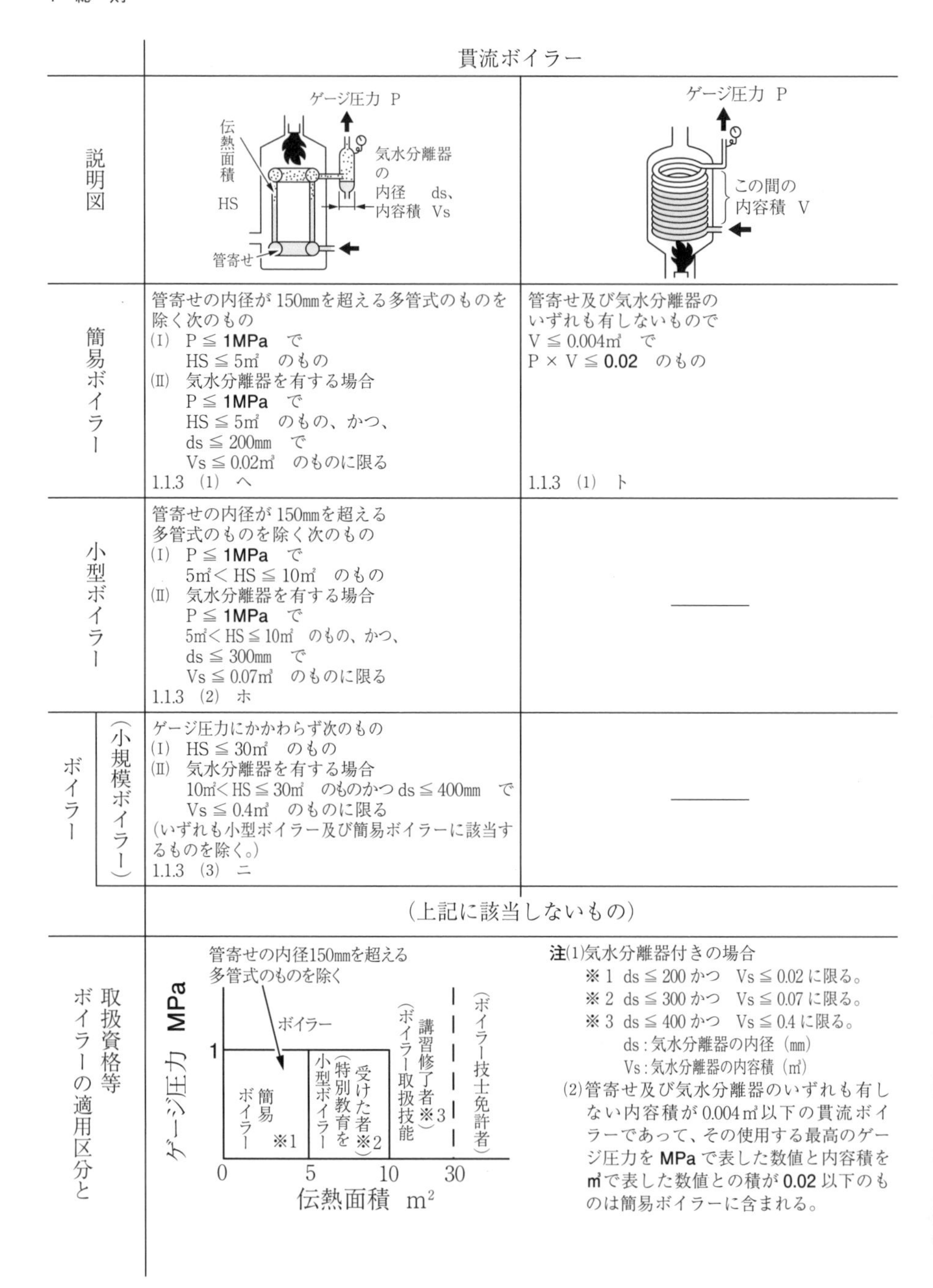

| | 貫流ボイラー | |
|---|---|---|
| 説明図 |  |  |
| 簡易ボイラー | 管寄せの内径が150mmを超える多管式のものを除く次のもの<br>(I) P ≦ **1MPa** で<br>HS ≦ 5㎡ のもの<br>(II) 気水分離器を有する場合<br>P ≦ **1MPa** で<br>HS ≦ 5㎡ のもの、かつ、<br>ds ≦ 200mm で<br>Vs ≦ 0.02㎥ のものに限る<br>1.1.3 (1) へ | 管寄せ及び気水分離器のいずれも有しないもので<br>V ≦ 0.004㎥ で<br>P × V ≦ **0.02** のもの<br>1.1.3 (1) ト |
| 小型ボイラー | 管寄せの内径が150mmを超える多管式のものを除く次のもの<br>(I) P ≦ **1MPa** で<br>5㎡< HS ≦ 10㎡ のもの<br>(II) 気水分離器を有する場合<br>P ≦ **1MPa** で<br>5㎡< HS ≦ 10㎡ のもの、かつ、<br>ds ≦ 300mm で<br>Vs ≦ 0.07㎥ のものに限る<br>1.1.3 (2) ホ | ——— |
| ボイラー (小規模ボイラー) | ゲージ圧力にかかわらず次のもの<br>(I) HS ≦ 30㎡ のもの<br>(II) 気水分離器を有する場合<br>10㎡< HS ≦ 30㎡ のものかつ ds ≦ 400mm で<br>Vs ≦ 0.4㎥ のものに限る<br>(いずれも小型ボイラー及び簡易ボイラーに該当するものを除く。)<br>1.1.3 (3) ニ | ——— |
| ボイラー | (上記に該当しないもの) | |
| 取扱資格等ボイラーの適用区分と |  | **注**(1)気水分離器付きの場合<br>※1 ds ≦ 200 かつ Vs ≦ 0.02 に限る。<br>※2 ds ≦ 300 かつ Vs ≦ 0.07 に限る。<br>※3 ds ≦ 400 かつ Vs ≦ 0.4 に限る。<br>ds : 気水分離器の内径 (mm)<br>Vs : 気水分離器の内容積 (㎥)<br>(2)管寄せ及び気水分離器のいずれも有しない内容積が0.004㎥以下の貫流ボイラーであって、その使用する最高のゲージ圧力を **MPa** で表した数値と内容積を㎥で表した数値との積が **0.02** 以下のものは簡易ボイラーに含まれる。 |

**図 1.1 (4) ボイラーの適用区分**

総則

（例 1）伝熱面積が 0.6㎡で、ゲージ圧力 0.15MPa の蒸気ボイラーは、小規模ボイラーに該当する。
（例 2）伝熱面積が 5㎡で、ゲージ圧力 0.1MPa の温水ボイラーは、小型ボイラーに該当する。
（例 3）伝熱面積が 4㎡、ゲージ圧力 1MPa の気水分離器を有しない管寄せの内径が 100㎜の多管式の貫流ボイラーは、簡易ボイラーに該当する。

## 1.2　最高使用圧力の定義

ボ則 1

蒸気ボイラー若しくは温水ボイラー又は第一種圧力容器若しくは第二種圧力容器についてその構造上使用可能な最高のゲージ圧力を**最高使用圧力**という。

「構造上使用可能な最高圧力」とは、そのボイラー等の構造上安全に使用することのできる最高の圧力ということで、具体的には、ボイラー等の最高使用圧力を定めた構造規格に定める算式によってそのボイラー等の各圧力部分の最高使用圧力を算定し、そのうちの一番小さな値をそのボイラー等の最高使用圧力とする。

## 1.3　伝熱面積

令　1
ボ則 2

ボイラーの燃料の燃焼によって生じた熱は、ボイラー胴、水管、煙管、炉筒等に放射・伝導及び熱伝達により、燃焼ガス側から水側に伝わり、さらに対流によりボイラー水を温める。このようにして、燃料の燃焼熱はボイラー水に伝えられる。

したがって、ボイラーの蒸気又は温水の発生能力は、熱を伝える壁面（水管、煙管、炉筒などの燃焼ガスにさらされる面で裏面が水や熱媒に接している部分）の広さに左右されるわけである。この壁面の広さを「伝熱面積」と定義したのである。**伝**

**熱面積**は、ボイラーの蒸気（又は温水）の発生能力を表す尺度になるので、この大きさによってボイラー取扱作業主任者やボイラー取扱者の資格要件に関するボイラーの範囲、小型ボイラーや簡易ボイラーの範囲が定められている。

伝熱面積は、ボイラーの種類ごとに次のように計算する。

### 1.3.1 水管ボイラー及び電気ボイラー以外のボイラー

丸ボイラー、鋳鉄製ボイラーなどのボイラーでは、火気、燃焼ガスその他の高温ガス（以下「燃焼ガス等」という。）に触れる本体の面で、その裏面が水又は熱媒に触れるものの面積（伝熱面にひれ、スタッドなどがあるものは、別に計算した面積を加える。）。

したがって、丸ボイラーでは、煙管についてはその内径側で、また、水管についてはその外径側で伝熱面積を計算する。

### 1.3.2 貫流ボイラー以外の水管ボイラー

貫流ボイラー以外の一般の水管ボイラーでは、**水管**及び**管寄せ**の次の面積を合計する。

イ．**水管**（次のロからホまでに該当する水管を除く。）又は**管寄せ**でその全部又は一部が燃焼ガス等に触れる面の面積

ロ．**ひれ付水管**については、水管へのひれの取付け状態と受熱の状態により、ひれの面積に一定の係数を乗じた面積

ハ．**耐火れんがにおおわれた水管**については、管の外周の壁面に対する投影面積

ニ．**スタッドチューブ**については、受熱の状態によって管又はスタッドの面積に一定の係数を乗じた面積

ホ．**ベーレー式水壁**については、燃焼ガス等に触れる面の面積

なお、水管ボイラーの胴、節炭器（エコノマイザ）、過熱器及び空気予熱器は、伝熱面積には算入しないことに注意すること。

### 1.3.3 貫流ボイラー

燃焼室入口から過熱器入口までの**水管**の燃焼ガス等に触れる面の面積を合計する。

### 1.3.4 電気ボイラー

電力設備容量**20kW**を**1㎡**とみなしてその**最大電力設備容量**を換算した面積を求める。

最大電力設備容量をEkWとすると、電気ボイラーの伝熱面積HSは、HS = 0.05E㎡となる。

## 1.4 圧力容器の定義

令 1
ボ則 1

圧力容器には、その種類、規模などが種々あり、危険性の度合いもまちまちである。これらを一律の規定で規制することは、実情に即しないので、**第一種圧力容器**と**第二種圧力容器**とに区分している。

### 1.4.1 第一種圧力容器

第一種圧力容器は、その内部において煮沸、加熱、反応などが行われるものであり、その結果として、品物の出し入れ、蒸気の発生などの危険を伴う。内部に液体を保有する場合には、液体の温度はその液体の大気圧における沸点以上に達している。したがって、ボイラーの気水ドラムと同様な破裂の危険性をもっている。

#### (1) 第一種圧力容器の作用による区分

令 1
通 達
S34.2.19
基発第102号

第一種圧力容器は、その**作用**により次の四つに区分されている。

① 加熱器……蒸気その他の熱媒によって固体又は液体を加熱する容器（蒸煮器、消毒器、精練器など）

② 反応器……化学反応、原子核反応などによって内部に蒸気が発生する容器（反応器、原子力関係容器など）

③ 蒸発器……液体の成分を分離するため、これを加熱し、その蒸気を発生させる容器（蒸発器、蒸留器など）

④ アキュムレータ……大気圧における沸点を超える温度の液体を内部に保有する容器（スチーム・アキュムレータ、フラッシュタンク、脱気器など）

### (2) 第一種圧力容器の規模による区分

第一種圧力容器は、その大きさなどの規模によって小さいものから、①**適用外容器** ②**（簡易）容器** ③**小型圧力容器** ④**第一種圧力容器**に区分され、それぞれの危険度に応じて段階的に規制が厳しくなっている。

以下、規模の小さいものから順にその区分を説明する。

#### ① 適用外容器

前述(1)の①～④のいずれかの**作用**を有する圧力容器であって、次のいずれかに該当する規模の小さいもので、労働安全衛生法の規制を受けないものである。

令 1
令 13

イ．ゲージ圧力 **0.1MPa 以下**で使用する容器で、内容積が **0.01㎥以下**のもの

ロ．使用する最高のゲージ圧力を **MPa** で表した数値と内容積を㎥で表した数値との積が **0.001 以下**の容器

総則

**②　（簡易）容器**

前述①の容器より規模の大きい前述(1)の①～④のいずれかの**作用**を有する容器で、次のいずれかに該当するものを通称として「（簡易）容器」と呼び、構造規格の遵守が義務づけられているが、ボイラー及び圧力容器安全規則の適用が除外されており、監督官庁などによる検査などは義務づけられていない（第８章（88ページ）参照）。

令　1
令　13

イ．ゲージ圧力**0.1MPa以下**で使用する容器で、内容積が**0.04㎥以下**のもの

ロ．ゲージ圧力**0.1MPa以下**で使用する容器で、胴の内径が**200㎜以下**で、かつ、その長さが**1,000㎜以下**のもの

ハ．使用する最高のゲージ圧力を**MPa**で表した数値と内容積を**㎥**で表した数値との積が**0.004以下**の容器

**③　小型圧力容器**

令　1
**ボ則１**

前述の（簡易）容器より規模の大きい第一種圧力容器で、次のいずれかに該当するものをいい、構造規格の遵守、製造時の個別検定、定期自主検査などが義務づけられている（第７章（85ページ）参照）。

イ．ゲージ圧力**0.1MPa以下**で使用する容器で、内容積が**0.2㎥以下**のもの

ロ．ゲージ圧力**0.1MPa以下**で使用する容器で、胴の内径が**500㎜以下**で、かつ、その長さが**1,000㎜以下**のもの

ハ．その使用する最高のゲージ圧力を**MPa**で表した数値と内容積を**㎥**で表した数値との積が**0.02以下**の容器

### ④ 第一種圧力容器

前述の①〜③までの容器のいずれにも該当しない規模の容器で、製造許可をはじめ、製造、設置、使用中などの各段階での監督官庁などによる検査が義務づけられている（第5章（58ページ）参照）。

令 1
**ボ則 1**

以上の第一種圧力容器の適用区分を図解すると**図 1.2** のとおりとなる。

なお、図 1.2 の(I)「ゲージ圧力と内容積による区分」について、内容積の大きさによるもの及び PV の大きさによるものに区別した説明を**参考図**で示す。その他、附録2(147ページ)の規制一覧表を参照されたい。

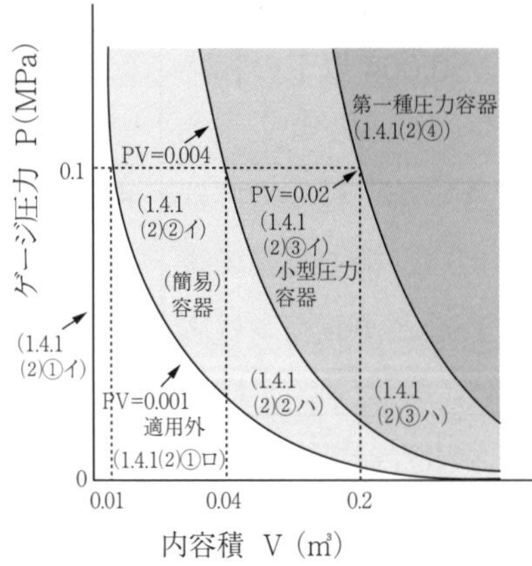


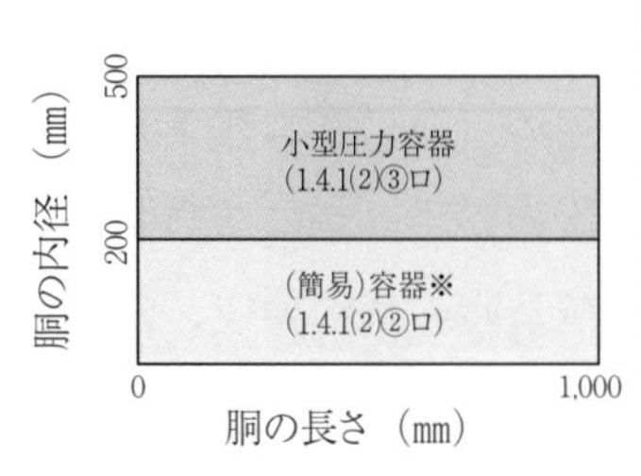


**図 1.2 第一種圧力容器の適用区分**

**参考図（内容積の大きさによるもの）　　（PV の大きさによるもの）**

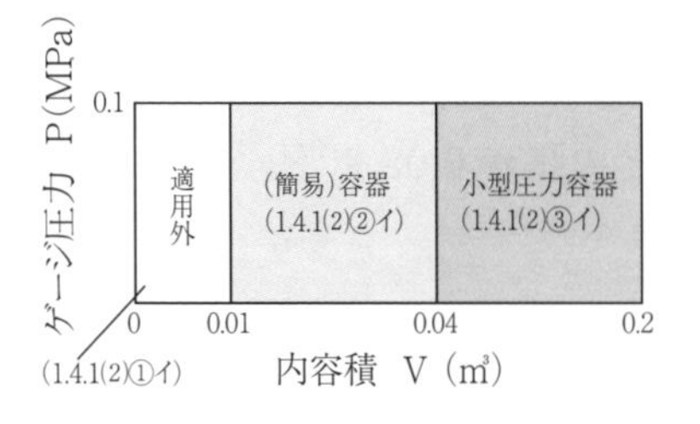


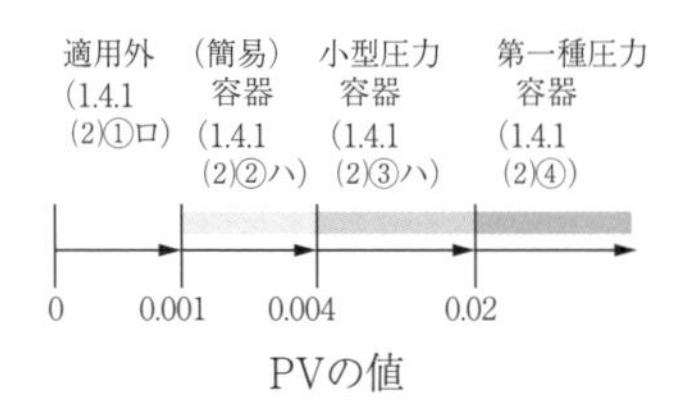

### 1.4.2　第二種圧力容器

令　1
ボ則 1
通　達
S34.2.19
基発第 102 号

第一種圧力容器が大気圧における沸点を超える温度の液体を内部に保有するのに対し、**第二種圧力容器**は、内部に圧縮気体を保有するものである。このため、容器の一部に不良箇所があり開口部を生じても内部の気体が勢いよく噴出する程度の危険性に留まる。したがって、規制の上でも第一種圧力容器よりは緩い取扱いを受けている。エアレシーバ（圧縮空気タンク）、ガスホルダ、乾燥用シリンダ、炊事用二重がま、真空蒸発器などが第二種圧力容器に該当する。

#### (1)　第二種圧力容器等の区分

第二種圧力容器は、その大きさによって小さいものから、①**適用外容器**　②**（圧力気体保有）容器**　③**第二種圧力容器**に区分される。

##### ①　適用外容器

令　1
令　13

大気圧を超える圧力を有する気体をその内部に保有する容器であって、内容積が **0.1㎥以下**で、かつ、1.4.1 第一種圧力容器の(1)①～④（13 ページ）の作用を有せず、第二種圧力容器にも該当しないものである。この容器は、労働安全衛生法の規制を受けない。

##### ②　（圧力気体保有）容器

前述①より規模の大きな同種の容器（前述 1.4.1 (1)の①～④の容器及び第二種圧力容器を除く。）であって、内容積が **0.1㎥を超える**ものを通称として「(圧力気体保有）容器」といい、構造規格の遵守が義務づけられているが、ボイラー及び圧力容器安全規則の適用は除外されている。

##### ③　第二種圧力容器

令　1

ゲージ圧力 **0.2MPa 以上**の**気体**をその内部に保有する

容器（第一種圧力容器を除く。）で、次のいずれかに該当する容器をいい、構造規格の遵守、製造時の個別検定、定期自主検査などが義務づけられている（第6章（82ページ）参照）。

イ．内容積が**0.04㎥以上**の容器

ロ．胴の内径が**200㎜以上**で、かつ、その長さが**1,000㎜以上**の容器

(例1) 内部の気体の圧力が0.2MPa以上であれば、胴の内径が200㎜未満、胴の長さが1,000㎜未満であっても、内容積が0.04㎥以上であれば、第二種圧力容器に該当する。

(例2) 内部の気体の圧力が0.2MPa未満であれば、いくら大きくても第二種圧力容器には該当しない。

(例3) 内部の気体の圧力がいくら高くても、大きさが内容積で0.04㎥未満であって、かつ、胴の内径が200㎜未満又は胴の長さが1,000㎜未満であれば、第二種圧力容器には該当しない。

以上の第二種圧力容器の適用区分を図解すると、**図1.3**のとおりとなる（附録2（147ページ）規制一覧表参照）。

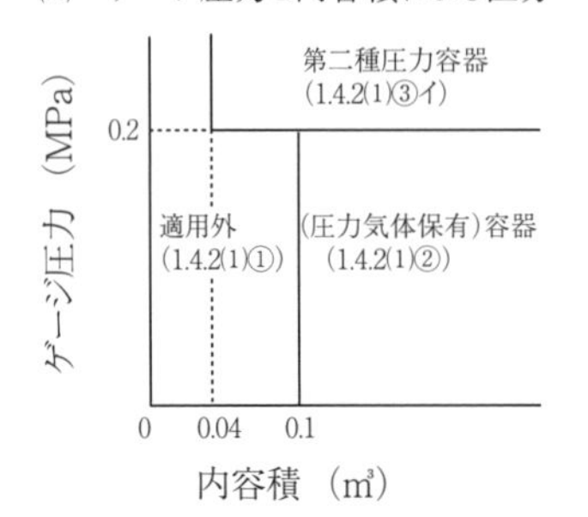


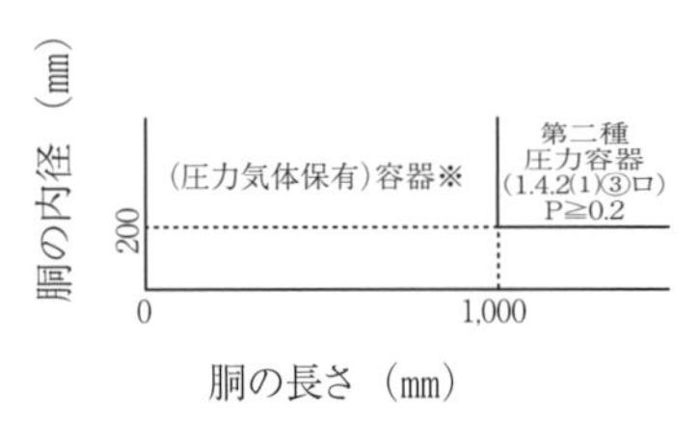


**注**　※図(I)の適用外の容器を除く。

**図1.3　第二種圧力容器の適用区分**

# 2　ボイラー

ボイラーの安全を確保するためには、設計及び製造の当初から一定の基準によらせるとともに、その状況を国の機関などが審査する必要があるという見地からボイラーの製造から設置、使用、廃止にいたるまでの各段階で規制されている。この規制の順に従って記すことにする。この規制の概要を図 2.1 にまとめた（詳細については、附録 1（143 ページ）参照）。

この章の規定は、小型ボイラー及び簡易ボイラーには適用されない。

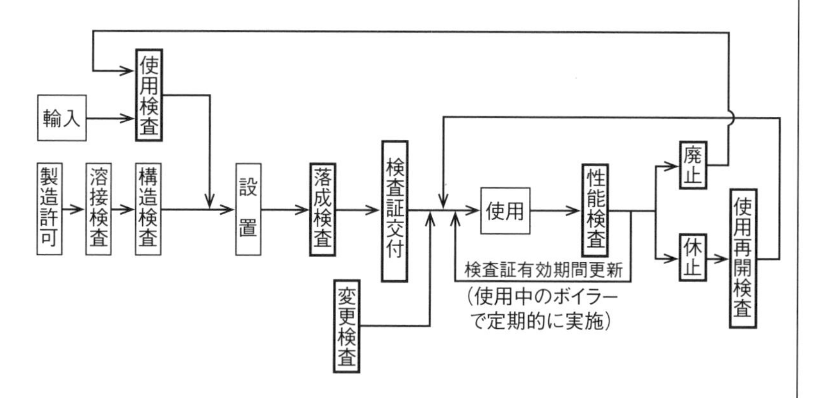


**図 2.1　ボイラーの各種検査の概要（詳細は附録 1 を参照のこと）**

## 2.1　製造

法 37
令 12
ボ則 3

### 2.1.1　製造許可

ボイラーの製造に着手する前に、その設計、工作などを審査し、ボイラーの安全を確保するために許可制となっている。

① だれが　ボイラーを製造しようとする者
② いつ　ボイラーを製造する前に（あらかじめ）
③ 何について　製造しようとするボイラー（設計及び製造）

④　どこに　　ボイラーを製造しようとしている事業場の所在地を管轄する都道府県労働局長（所轄都道府県労働局長）

⑤　提出書類　ボイラー製造許可申請書

⑥　添付書面

i）ボイラーの構造を示す図面

ii）次の事項を記載した書面

イ．強度計算

ロ．ボイラーの製造及び検査のための設備の種類、能力及び数

ハ．工作責任者の経歴の概要

ニ．工作者の資格及び数

ホ．溶接によって製造するときは、溶接施行法試験結果

⑦　その他

i）すでに許可を受けているボイラーと同一型式のボイラーについては改めて製造許可を受ける必要はない。

ii）前述⑥ii）のロの**設備**又はハの**工作責任者**を変更した時は、遅滞なくその旨を所轄都道府県労働局長に報告しなければならない（変更報告）。

法　100
**ボ則 4**

### 2.1.2　構造検査

法　38

構造検査は、製造されたボイラーがボイラー構造規格に適合し、その安全が確保されていることを確認するために行われる。

### (1)　構造検査

ボ則5

①　だれが　　ボイラーを製造した者

②　いつ　　　ボイラーを製造したとき

③　何について　製造したボイラー

④　どこに　　**登録製造時等検査機関**

ボ則5の2

登録製造時等検査機関がない場合は、所轄都道府県労働局長（組立て式ボイラー（水管ボイラー、鋳鉄製ボイラーなど）については、そのボイラーの設置地を管轄する都道府県労働局長）

⑤　提出書類　ボイラー構造検査申請書

⑥　添付書類　ボイラー明細書

⑦　その他

i）溶接によるボイラーについては、溶接検査に合格した後でなければ構造検査を受けることができない。

ii）**登録製造時等検査機関**とは、ボイラーの構造検査、溶接検査及び使用検査を行うことについて厚生労働大臣の登録を受けた者をいう。

法　38
法　46

iii）構造検査実施者（④）は、構造検査に合格したボイラーに所定の様式による刻印を押し、その**ボイラー明細書**を申請者に交付する。

iv）構造検査実施者（④）は、構造検査に合格した移動式ボイラーについて、申請者に**ボイラー検査証**を交付する。

ボ則5

ボイラー

### (2) 構造検査を受けるときの措置

法 38
ボ則 6

構造検査を受ける者は、次の準備を行い、かつ、その検査に立ち会わなければならない。

① ボイラーを検査しやすい位置に置くこと。
② 水圧試験の準備をすること。
③ 安全弁（温水ボイラーについては逃がし弁）及び水面測定装置（蒸気ボイラーで水位を測定する必要のある場合）を取りそろえておくこと。

### (3) 都道府県労働局長の構造検査実施上の権限

ボ則 6

都道府県労働局長は、構造検査のために必要があるときは、次の事項を構造検査を受ける者に命ずることができる。

① ボイラーの被覆物の全部又は一部を取り除くこと。
② 管若しくはリベットを抜き出し、又は板若しくは管に穴をあけること。
③ 鋳鉄製ボイラーを解体すること。
④ その他必要と認める事項。

## 2.1.3 溶接検査

法 38

溶接検査は、溶接によるボイラーの信頼性を増すために定められた。溶接検査は、溶接工作の過程において行われるので、溶接検査の申請は、溶接作業に着手する前に行わなければならないことに留意する。また、2.1.2(1)⑦のｉ）に述べたように、溶接によるボイラーは、溶接検査に合格した後でなければ構造検査を受けることはできないことに注意する。

### (1) 溶接検査

① だれが　　溶接によるボイラーの溶接をしようとする者（一般に2.1.2の(1)の①と同一の者である場合が多い。）

法 38
ボ則 7

②　いつ　　　溶接作業に着手する前
③　何について　溶接によるボイラーの溶接
④　どこに　　**登録製造時等検査機関**　　ボ則７の２
　　　　　　　登録製造時等検査機関がない場合は、所轄都道府県労働局長
⑤　提出書類　ボイラー溶接検査申請書
⑥　添付書類　ボイラー溶接明細書
⑦　その他

ｉ）溶接検査実施者（④）は、溶接検査に合格したボイラーに所定の様式による刻印を押し、**ボイラー溶接明細書**を申請者に交付する。

ⅱ）次のボイラー等は、溶接検査を受ける必要はない。

イ）附属設備（過熱器及び節炭器（エコノマイザ））又は圧縮応力以外の応力を生じない部分だけを溶接するボイラー

ロ）気水分離器を有しない貫流ボイラー

### ⑵　溶接検査を受けるときの措置

法　38
ボ則８

　溶接検査を受ける者は、次の準備を行い、かつ、その検査に立ち会わなければならない。

①　機械的試験の試験片を作成すること。
②　放射線検査の準備をすること。

### ⑶ ボイラーの溶接を行う者

法 61
令 20
**ボ則 9**

ボイラーの溶接作業を行うことができる者は、次のように一定の技能を有するものに制限し、作業の安全と製造するボイラーの安全性を確保することとしている。

① 特別ボイラー溶接士の免許を受けた者
② 普通ボイラー溶接士の免許を受けた者（溶接部の厚さが25㎜以下の場合、又は管台、フランジなどを取り付ける場合の溶接に限る。）

ただし、次の溶接は、①又は②の資格がなくても溶接を行うことができる。

① 自動溶接機による溶接
② ボイラーの主蒸気管及び給水管以外の管の周継手の溶接
③ 圧縮応力以外の応力を生じない部分の溶接

## 2.2 設置

法 88

ボイラーを設置する場合の安全性について、工事の計画段階から監督官庁が審査を行う制度となっている。

### 2.2.1 設置届

**ボ則 10**

| | | |
|---|---|---|
| ① | だれが | ボイラー（移動式ボイラーを除く。）を設置しようとする事業者 |
| ② | いつ | ボイラーの設置工事開始の日の **30 日前**まで |
| ③ | 何について | ボイラーの設置工事計画 |
| ④ | どこに | 所轄労働基準監督署長（事業場の所在地を管轄する労働基準監督署長） |
| ⑤ | 提出書類 | ボイラー設置届 |
| ⑥ | 添付書類 | |

i）ボイラー明細書
ii）ボイラー室及びその周囲の状況
iii）ボイラー及びその配管の配置状況
iv）ボイラーの据付基礎並びに燃焼室及び煙道の構造
v）燃焼が正常に行われていることを監視するための措置

⑦ その他　　法 88

i）設置届は、新設などこれから設置を行おうとする場合に必要であるが、既に設置してあるボイラーの使用を廃止して、その後同一場所で再使用しようとする場合などにも必要である。
ii）ボイラー設置届提出後30日間に工事の差止め等の命令がない限り、30日後には自動的に工事に着手できる。
iii）設置届は、構造検査などの合格前であっても提出することができる。　　通達 S8.3.22 基発第141号

### 2.2.2 設置報告

法 100
**ボ則 11**

**移動式ボイラー**は、その性質上設置段階での手続きが落成検査の省略など簡素化されている。

① だれが　移動式ボイラーを設置しようとする者
② いつ　移動式ボイラーを最初に使用しようとする前に（あらかじめ）
③ 何について　移動式ボイラーの設置

④　どこに　　所轄労働基準監督署長

⑤　提出書類　ボイラー設置報告書

⑥　添付書類

i）ボイラー明細書

ii）ボイラー検査証

⑦　その他　　移動式ボイラーの設置報告を受けた労働基準監督署長は、ボイラー検査証に事業場の所在地及び名称を記載してその**検査証**と**明細書**を事業者に返還する。

（計画の届出の免除）

労働安全衛生マネジメントシステムを適切に実施しており、一定の安全衛生水準を満たしているとして労働基準監督署長に計画届の免除が認められた事業者（認定事業者）は、ボイラー、第一種圧力容器及び小型ボイラーの設置届、設置報告、変更届及び休止報告をしなくてもよい。なお、落成検査や変更検査は免除されない。

### 2.2.3　落成検査

法　38

**ボ則 14**

ボイラーの設置工事が終わったときに、所轄労働基準監督署長がそのボイラー及びボイラー室について検査を行い、使用してよいかどうかが決められる。

①　だれが　　ボイラーを設置した者

②　いつ　　　ボイラーの設置工事が終了した後

③　何について

i）ボイラー

ii）そのボイラーに関する次の事項

イ．ボイラー室

ロ．ボイラー及びその配管の配置状況
ハ．ボイラーの据付基礎並びに燃焼室及び煙道の構造

④　どこに　　所轄労働基準監督署長
⑤　提出書類　ボイラー落成検査申請書
⑥　その他

i）落成検査は、構造検査又は使用検査に合格した後でなければ受けることができない。
ii）落成検査は、移動式ボイラー及び所轄労働基準監督署長が検査の必要がないと認めたボイラーについては省略される。



### 2.2.4　ボイラー検査証

法　39
**ボ則 15**

#### (1)　交付

所轄労働基準監督署長は、落成検査に合格した場合又は落成検査を省略した場合に、そのボイラーについてボイラー検査証を交付する。

#### (2)　有効期間

法　41
**ボ則 37**

i）ボイラー検査証の有効期間は**1年**である。
ii）前項の規定にかかわらず、構造検査又は使用検査を受けた後設置されていない移動式ボイラーであって、その間の保管状況が良好であると都道府県労働局長が認めたものについては、当該移動式ボイラーの検査証の有効期間を構造検査又は使用検査の日から起算して２年を超えず、かつ、当該移動式ボイラーを設置した日から起算して１年を超えない範囲内で延長することができる。

**(3) 使用等の禁止**

法 40

ボイラー検査証を受けていないボイラーは使用することはできない。また、ボイラー検査証を受けたボイラーは、ボイラー検査証と一緒でなければ、譲渡又は貸与してはならない。

**(4) 再交付**

法 39
**ボ則 15**

ボイラー設置者は、ボイラー検査証を滅失し、又は損傷したときは、ボイラー検査証再交付申請書に関係書面又は損傷した検査証を添えて所轄労働基準監督署長（移動式ボイラーのボイラー検査証については、その検査証を交付した者）に提出し、その再交付を受けなければならない。

移動式ボイラーの検査証の再交付を受けた者は、遅滞なく所轄労働基準監督署長に届け出て、ボイラー検査証に事業場の所在地、名称等必要な事項について記載を受けなければならない。

### 2.2.5 使用検査

法 38
**ボ則 12**

使用検査は、輸入したボイラー、使用を廃止したボイラーを再び設置するなどで、設置に先立ち構造要件の具備状況を確認するものである。

**(1) 使用検査**

① だれが　ⅰ）ボイラーを輸入した者
ⅱ）構造検査又は使用検査を受けた後**1年以上**（保管状況が良好であると都道府県労働局長が認めたボイラーについては2年以上）設置されなかったボイラーを設置しようとする者

iii）使用を廃止したボイラーを再び設置し、又は使用しようとする者
iv）外国においてボイラーを製造した者

② いつ　①に該当するようになったとき

③ 何について　①に該当するボイラー

④ どこに　**登録製造時等検査機関**　ボ則 12 の 2
登録製造時等検査機関がない場合は、都道府県労働局長



⑤ 提出書類　ボイラー使用検査申請書

⑥ 添付書類　i）ボイラー明細書
ii）構造規格に適合していることを証明する書面（輸入又は外国において製造されたボイラーについては、厚生労働大臣が指定する外国検査機関が発行したもの。）

⑦ その他

i）使用検査実施者（④）は、使用検査に合格したボイラーに所定の様式による刻印を押し、かつ、その**ボイラー明細書**を申請者に交付する。

ii）使用検査実施者（④）は、使用検査に合格した移動式ボイラーについて、申請者に**ボイラー検査証**を交付する。　法　39　ボ則 12

### (2) 使用検査を受けるときの措置　法　38　ボ則 13

使用検査を受ける者が準備し、かつ、その検査に立ち

会わなければならない義務は、前述の構造検査の場合の規定が準用される(2.1.2 構造検査の(2)(21 ページ)参照)。

## 2.3　性能検査

ボイラーは、使用中に高温、高圧を受けるなどして経年変化し、ボイラー各部に過熱、腐食、割れなどの損傷を生じるおそれがあるので、定期的にその状況を調査して、使用できるかどうかを決めることが必要である。規則ではこのために行う検査を性能検査といい、この検査の結果により検査証の有効期間を更新することとしている。

### 2.3.1　性能検査

法　41
**ボ則 38**

① だれが　　ボイラー検査証の有効期間の更新を受けようとする者

② いつ　　ボイラー検査証の有効期間が満了する前

③ 何について　前述 2.2.3 落成検査の③（25 ページ）に掲げる事項

④ どこに　　**登録性能検査機関**（性能検査を行うことについて厚生労働大臣の登録を受けた者）　法 53 の 3

登録性能検査機関がない場合は、所轄労働基準監督署長　**ボ則 39 の 2**

⑤ 提出書類　ボイラー性能検査申請書（所轄労働基準監督署長の検査を受ける場合）　法　41　**ボ則 39**

⑥ その他

i）性能検査を実施した者（④）は、性能検査に合格したボイラーの検査証の有効期間を更新する。**有効**　法　41　**ボ則 37**　**ボ則 38**

**期間**は、原則として**1年**であるが、性能検査の結果により、1年未満又は1年を超え**2年以内の期間**とすることができる。

ii）⑤において、**登録性能検査機関**の性能検査を受けようとする場合は、その登録機関の定める方法により申し込む。

iii）ボ則第40条ただし書により、監督署長が認めたボイラーの性能検査を受けようとする者は、登録性能検査機関に対し、自主検査の結果を明らかにする書面を提出することができる。

ボ則38の2



### 2.3.2　性能検査を受けるときの措置

法　41

ボ則40

　ボイラーの性能検査を受ける者は、ボイラー及び煙道を冷却し、掃除し、その他性能検査に必要な準備をし、かつ、性能検査に立ち会わなければならない。ただし、所轄労働基準監督署長が認めたボイラー（一定水準以上の管理が行われているボイラーなど）については、ボイラー（燃焼室を含む。）及び煙道の冷却及び掃除をしないことができる。したがって、このようなボイラーについては、前回の開放状態の性能検査の受検を条件として、運転状態で性能検査を受けることができ、結果として2年間の連続運転ができることになる。さらに、一定の付加的な要件を満たしたときは、この期間を最大12年間とすることができる。

### 2.3.3　性能検査実施上の権限

ボ則40

　労働基準監督署長が性能検査のために必要があるときに、

性能検査を受ける者に命ずることができる事項は、構造検査において、都道府県労働局長が構造検査を受ける者に命ずることができる事項と同様である(2.1.2構造検査の(3)(21ページ)参照)。

## 2.4 変更、休止及び廃止

法 88

前節までは、ボイラーの製造から使用に至る通常の一連の手続関係の規制であるが、本節では、ボイラーの変更（修繕)、休止又は廃止の手続などを記す。

### 2.4.1 変更

ボイラーの安全上重要な部分を変更（修繕）しようとする場合、強度低下や構造要件への影響がないことを期するために設けられたものである。

#### (1) 変更届

法 88
**ボ則 41**

① だれが　次のいずれかの部分又は設備を変更しようとする事業者

i）**胴、ドーム、炉筒、火室、鏡板、天井板、管板、管寄せ又はステー**

ii）附属設備（節炭器（エコノマイザ)、過熱器)

iii）燃焼装置

iv）据付基礎

② いつ　変更工事の開始の日の**30日前**まで

③ 何について　変更工事計画

④ どこに　所轄労働基準監督署長

⑤ 提出書類　ボイラー変更届

⑥ 添付書類

i）ボイラー検査証

ii）変更工事の内容を示す書面

⑦　その他

①の変更届を必要とする部分又は設備以外のもの、例えば煙管ボイラーの煙管や水管ボイラーの水管は自由に取替え、修繕ができる。

### (2)　変更検査

法　38
ボ則 42

① だれが　ボイラーに変更を加えた者
② いつ　ボイラーの変更工事が終了したとき
③ 何について　ボイラーの変更部分又は設備
④ どこに　所轄労働基準監督署長
⑤ 提出書類　ボイラー変更検査申請書
⑥ その他

i）所轄労働基準監督署長が変更検査の必要がないと認めたボイラーについては、変更検査は省略される。

ii）所轄労働基準監督署長が変更検査のために必要があるときに、変更検査を受ける者に命ずることができる事項は、構造検査において都道府県労働局長が構造検査を受ける者に命ずることができる事項と同様である（2.1.2 構造検査の(3)（21 ページ）参照）。

iii）変更検査を受ける者は、この検査に立ち会わなければならない。

### (3)　ボイラー検査証の裏書

法　39
ボ則 43

所轄労働基準監督署長は、変更検査に合格したボイ

ボイラー

ラーについて、そのボイラー検査証に**検査期日**、**変更部分**及び**検査結果**について**裏書**を行う。変更検査を省略されたボイラーについても同様に裏書が行われる。

### 2.4.2 事業者等の変更

法 40
**ボ則 44**

| | | |
|---|---|---|
| ① | だれが | ボイラーを承継した事業者又は移動式ボイラーの管理を引受けた事業者 |
| ② | いつ | 変更後**10日以内** |
| ③ | 何について | ボイラーに関する事業者の変更 |
| ④ | どこに | 所轄労働基準監督署長 |
| ⑤ | 提出書類 | ボイラー検査証書替申請書 |
| ⑥ | 添付書類 | ボイラー検査証 |
| ⑦ | その他 | この手続きをすれば、ボイラー検査証の書替を受けるだけで、そのまま使用が認められる。 |

### 2.4.3 休止

法 100
**ボ則 45**

| | | |
|---|---|---|
| ① | だれが | ボイラーの使用を休止しようとする者 |
| ② | いつ | ボイラー検査証の有効期間中 |
| ③ | 何について | ボイラー検査証の有効期間の満了後までボイラーを休止すること |
| ④ | どこに | 所轄労働基準監督署長 |
| ⑤ | 提出書類 | ボイラー休止報告 |
| ⑥ | その他 | ボイラーの休止中に、当該ボイラー検査証の有効期間が満了する場合、あらかじめ所轄労働基準監督署長に休止報告を行う必要がある。(休止報告を行っていないと、有効期間を過ぎた検査証は無効となる。)<br>休止の後、ボイラー検査証の有効期間 |

を超えて使用しようとするボイラーについては、次項の使用再開検査に合格する必要がある。

### 2.4.4　使用再開検査

法　38
**ボ則 46**

① だれが　使用を休止したボイラーを再び使用しようとする者
② いつ　使用再開前
③ 何について　使用を再開するボイラー
④ どこに　所轄労働基準監督署長
⑤ 提出書類　ボイラー使用再開検査申請書
⑥ その他

i）所轄労働基準監督署長が使用再開検査のために必要があるときに使用再開検査を受ける者に命ずることができる事項は、構造検査において都道府県労働局長が構造検査を受ける者に命ずることができる事項と同様である（2.1.2 構造検査の(3)（21 ページ）参照)。

ii）使用再開検査を受ける者は、この検査に立ち会わなければならない。

法　39
**ボ則 47**

iii）所轄労働基準監督署長は、使用再開検査に合格したボイラーについて、そのボイラー検査証に**検査期日**及び**検査結果**について**裏書**を行う。

### 2.4.5 廃止

ボ則 48

① だれが　ボイラーの使用を廃止した事業者
② いつ　ボイラーの使用廃止後遅滞なく
③ 何について　使用を廃止したボイラー
④ どこに　所轄労働基準監督署長
⑤ 提出書類　ボイラー検査証

## 2.5 ボイラーの据付工事

ボイラーの据付工事は、高所作業、掘削作業などを伴いきわめて危険性が大きい。また、据付工事の良否はそのボイラーの使用過程における安全に大きく影響する。このためボイラーの据付け作業を行うときは、一定の能力を有する者を作業指揮者に定めて据付工事に従事する労働者の指揮などを行わせることとしている。

### 2.5.1 ボイラー据付け作業の指揮者

ボ則 16

**(1) ボイラー据付け作業の指揮者を定めなければならない作業**

ボイラー（**小規模ボイラー**、**小型ボイラー**及び**簡易ボイラー**（1.1.3 参照）**を除く**。）の据付けの作業

**(2) ボイラー据付け作業の指揮者に必要な能力**

ボ則 16
通　達
H18.3.30
基発第
0330007 号

以下の①か②のいずれかに該当する者。

① ボイラーの据付けの作業に従事した経験を有する者であって、研修の受講等により次に掲げる事項に関する知識を有すると認められるもの
　i ) ボイラーの構造、取扱及び燃料
　ii) ボイラーの基礎及び断熱の工事
　iii) ボイラーの本体及び附属設備等の据付け
　iv) 関係法令
② 法改正前のボイラー据付け工事作業主任者技能講習

を修了した者。

**(3)　ボイラー据付け作業の指揮者の職務**

ボ則16

ボイラーの据付け工事を行う事業者は、ボイラー据付けの作業について、作業者の安全を確保し、据付けの作業を進めるため、ボイラー据付け作業の指揮者を定めて、次の事項を行わせなければならない。

① 作業の方法及び労働者の配置を決定し、作業を指揮すること。

② 据付工事に使用する材料の欠陥の有無並びに機器及び工具の機能を点検し、不良品を取り除くこと。

③ 要求性能墜落制止用器具その他の命綱及び保護具の使用状況を監視すること。

※安全帯が要求性能墜落制止用器具とされた（平成31年2月1日施行）



## 2.6　ボイラー室

### 2.6.1　ボイラーの設置場所

法　20
ボ則18

ボイラーは、ボイラー室（専用の建物又は建物の中の障壁で区画された場所）に設置しなければならない。

**（除外）** 次のボイラーについては、ボイラー室は必要ない。

① 伝熱面積が**3㎡以下**のボイラー

② 移動式ボイラー

③ 屋外式ボイラー

なお、この節（2.6 ボイラー室）の規定は、上記②及び③のボイラーには適用されない。

### 2.6.2　ボイラー室の出入口

法　20

事業者は、ボイラー室には、**2以上**の出入口を設けなければならない。

ボ則19

**（除外）** ボイラーを取り扱う労働者が緊急の場合に避

難するのに支障がないボイラー室では、出入口は1でよい。

### 2.6.3　ボイラーの据付位置

法　20
**ボ則 20**

ボイラーの附属品の検査及び取扱い並びに本体の内部の掃除や検査をするのに支障がないようにするために、ボイラーの据付位置を規制したものである（**図 2.2** 参照）。

(1)　**ボイラーの最上部と構造物との距離**

ボイラーの最上部から天井、配管その他のボイラーの上部にある構造物までの距離を **1.2m 以上**としなければならない。

**（除外）** 安全弁その他の附属品の検査及び取扱いに支障がないときは、この距離の制限は受けない。

(2)　本体を被覆していないボイラー又は立てボイラーは、前述(1)の制限のほか、ボイラーの外壁から壁、配管などのボイラーの側部にある構造物までの距離を **0.45m 以上**としなければならない。

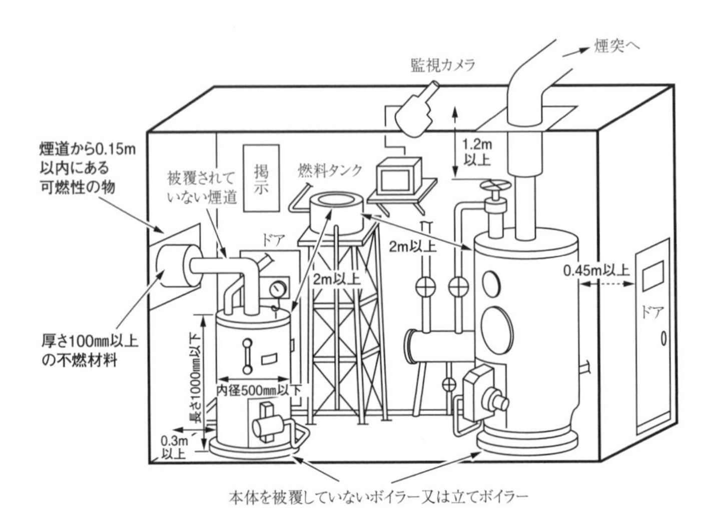


**図 2.2　ボイラー室の規制**

**(除外)** i）ボイラーの側部にある構造物が、検査及び掃除に支障のない場合は、この距離の制限を受けない。

ii）胴の内径が500mm以下で、かつ、その長さが1,000mm以下のボイラーについては、この距離は、**0.3m 以上**あればよい。

### 2.6.4　ボイラーと可燃物との距離

法　20
**ボ則 21**

(1)　ボイラー、ボイラーに附設された金属製の煙突又は煙道の外側から**0.15m 以内**にある可燃物は、金属以外の不燃性の材料で被覆しなければならない（**図 2.2** 参照）。

**(除外)** ボイラー、ボイラーに附設された金属製の煙突又は煙道が、厚さ**100mm以上**の金属以外の不燃性の材料で被覆されているときは、上記の制限を受けない。

(2)　燃料は、ボイラーの外側から2m 以上離して貯蔵しなければならない。

**(除外)** i）固体燃料の場合には、この距離は**1.2m 以上**あればよい。

ii）ボイラーと燃料又は燃料タンクとの間に適当な障壁を設けるなどの防火のための措置を行ったときは、この制限を受けない。

### 2.6.5　排ガスの監視措置

法　20
**ボ則 22**

事業者は、ボイラーの燃焼状態を正常に保つために、煙突からの排ガスの排出状況を観測するための窓をボイラー室に設けるなどボイラー取扱作業主任者が燃焼が正常に行われていることを容易に監視することができる措置を講じなければならない（**図 2.2** 参照）。

## 2.7　ボイラーの取扱管理

### 2.7.1　ボイラー取扱の就業制限

法 61　令 20　**ボ則 23**　規 41　規 42

労働災害を防止するための基本的対策として、設備自体の安全化など物的原因を除くことにあることはいうまでもないが、それとともに必要な技能を有しない者を特に危険な業務に就かせてならないことや労働者に対する安全教育の実施など人的対策もまた重要である。

そこで、ボイラー設備の面からの対策については、製造許可からはじまって一連の規制によりその安全が確保されており、人の面からの対策としては、ボイラー取扱業務について、その危険の程度に応じて必要な技能を有しない者の就業を禁止し、又は、就業前に安全教育を行って必要な技能を習得させることとしている。これをまとめると**図 2.3** のとおりの3段階となる。

(1)　事業者は、**ボイラー技士**（特級、一級又は二級ボイラー技士）でなければ、**ボイラー**（小型ボイラー及び簡易ボイラーを除く。）の取扱作業に就業させることができない。ただし、職業訓練中であって、所定の訓練を受けた者は、この限りではない。（規 41　規 42）

(2)　**小規模ボイラー**の取扱いは、ボイラー技士だけでなく、都道府県労働局長の登録を受けた者が行う**ボイラー取扱技能講習を修了した者**にも行わせることができる。（規 41　**ボ則 23**）

(3)　この就業制限は、事業者が資格のない労働者の就業を禁止させるとともに労働者も就業してはならないこととされている。（法 61）

(4)　**小型ボイラー**の取扱作業は、事業者が行う**特別の教育**を受けた者に就業させることができる（特別教育については3.3（54ページ）参照のこと。）。また、簡易（法 59　**ボ則 92**）

ボイラーの取扱作業には特に資格等の制限がない。

| 取扱者の資格等 ＼ ボイラーの規模 | | ボイラー（1.1.3(3)） | 小規模ボイラー（1.1.3(3)） | 小型ボイラー（1.1.3(2)） |
|---|---|---|---|---|
| 就業制限 | ボイラー技士免許者又は職業訓練生（ボ則 23、規 42） | | | |
| 就業制限 | ボイラー取扱技能講習修了者（ボ則 23） | | | |
| 就業前の教育 | 特別の教育を受けた者（ボ則 92） | | | |

図 2.3　ボイラーの規模別の取扱者の資格等（濃い網掛け・薄い網掛け・白の枠は就業ができるもの）

## 2.7.2　ボイラー取扱作業主任者

法 14　令 6　令 20　**ボ則 24**　規 16

ボイラーについては、その取扱い及び管理を適確に行い、安全を確保し、関係災害の発生を防止するため、事業者にボイラーの規模に応じて一定の資格を有する者をボイラー取扱作業主任者として選任させ、その者に作業者の指揮その他の事項を行わせなければならないこととしたものである。

### (1)　選任の基準

**表 2.1** に、取り扱うボイラーの区分によるボイラー取扱作業主任者の選任基準を示す。

ボイラーの伝熱面積は、ボ則第 2 条（伝熱面積）の規定に従い算定することになるが、取り扱うボイラーが複数ある場合、その伝熱面積を合算した上で、区分に応じた者をボイラー取扱作業主任者に選任する必要がある。

伝熱面積の合計は、次により算定する。

① 貫流ボイラーについては、その伝熱面積に **1/10** を乗じて得た値をその貫流ボイラーの伝熱面積とする。

② 廃熱ボイラー（火気以外の高温ガスを加熱に利用

するボイラー）については、その伝熱面積に **1/2** を乗じて得た値をその廃熱ボイラーの伝熱面積とする。

③　小規模ボイラーについては、伝熱面積に算入しない。

ただし、ボイラーの圧力、温度、水位又は燃焼の状態に異常があった場合に、安全に停止させることのできる機能を有する自動制御装置を備えたボイラーは、最大の伝熱面積を有するボイラーを除いて、伝熱面積の合計に算入しないことができる。

**ボ則 24**

規　別表第1

なお、安全に停止させることのできる機能を有する自動制御装置の要件は、告示で定められている。

**表 2.1 ボイラー取扱作業主任者の選任基準**

| 取り扱うボイラーの伝熱面積 | | ボイラー取扱作業主任者の資格 |
|---|---|---|
| 貫流ボイラー以外のボイラー（貫流ボイラー又は廃熱ボイラーを混用する場合を含む。） | 貫流ボイラーのみ (注) | |
| 1. **合計　500㎡以上** | | 特級ボイラー技士 |
| 2. **合計　25㎡以上 500㎡未満** | **合計　250㎡以上** | 特級ボイラー技士<br>一級ボイラー技士 |
| 3. **合計　25㎡未満** | **合計　250㎡未満** | 特級ボイラー技士<br>一級ボイラー技士<br>二級ボイラー技士 |
| 小規模ボイラーのみを取り扱う場合：<br>蒸気ボイラー（**3㎡以下**）<br>温水ボイラー（**14㎡以下**）<br>蒸気ボイラー（胴の内径 **750㎜以下**、かつ、胴の長さ **1,300㎜以下**） | **30㎡以下**（気水分離器を有するものでは、その内径が **400㎜以下**で、かつ、その内容積が **0.4㎥以下**のものに限る。） | 特級ボイラー技士<br>一級ボイラー技士<br>二級ボイラー技士<br>ボイラー取扱技能講習修了者 |

**(注)**　2、3の貫流ボイラーのみの場合の伝熱面積の合計は、貫流ボイラーの実際の伝熱面積で表した。

ボイラー取扱作業主任者を選任する場合、必要な資格の求め方を次に示す。

**(例 1)　下記のボイラーを取り扱う場合**

① 炉筒煙管ボイラー（伝熱面積 18㎡）………1 基
② 貫流ボイラー（伝熱面積 50㎡）………………… 1 基
③ 立て温水ボイラー（伝熱面積 10㎡）………2 基

取り扱うボイラーの伝熱面積の合計＝ 18㎡＋$\frac{50}{10}$㎡＝ 23㎡

（貫流ボイラーの伝熱面積は、2.7.2の(1)選任の基準の①（40ページ）により、$\frac{50}{10}$㎡となる。立て温水ボイラーについては、同③（41ページ）により伝熱面積に算入しない。）

したがって、この場合には、ボイラー取扱作業主任者は、表 2.1 の 3 により、特級ボイラー技士、一級ボイラー技士又は二級ボイラー技士でなければならない。

**(例 2)** 下記のボイラーを取り扱う場合

① 水管ボイラー（伝熱面積 300㎡）…………1 基

② 貫流ボイラー（伝熱面積 200㎡）…………2 基

取り扱うボイラーの伝熱面積の合計＝ $300㎡ + \frac{200}{10}㎡ \times 2 = 340㎡$

したがって、この場合には、ボイラー取扱作業主任者は、表 2.1 の 2 により、特級ボイラー技士又は一級ボイラー技士でなければならない。

**(例 3)** 貫流ボイラー（伝熱面積2,000㎡のもの）のみを3基取り扱う場合

取り扱うボイラーの実際の伝熱面積の合計＝ 2,000㎡ × 3 ＝ 6,000㎡

したがって、ボイラー取扱作業主任者は、表 2.1 の 2 により、特級ボイラー技士又は一級ボイラー技士でなければならない。

**(例 4)** 下記のボイラーを取り扱う場合

① 立て（蒸気）ボイラー（伝熱面積 3㎡）……2 基

② 温水ボイラー（伝熱面積 12㎡）……………1 基

③ 貫流ボイラー（気水分離器の内径が 400㎜、内容積が 0.4㎥ のもの、伝熱面積 10㎡）……………………1 基

①、②、③いずれのボイラーも小規模ボイラーであるので、伝熱面積は合計されず、ボイラー取扱作業主任者は、ボイラー技士又はボイラー取扱技能講習を修了した者であればよい。

（例 5）下記のボイラーを取り扱う場合

① 安全に停止する機能を満足させる自動制御装置を備えた炉筒煙管ボイラー（伝熱面積 15㎡）

② 安全に停止する機能を満足させる自動制御装置を備えた炉筒煙管ボイラー（伝熱面積 12㎡）

③ 貫流ボイラー（伝熱面積 40㎡）

取り扱うボイラーの伝熱面積の合計＝ 15㎡＋ $\frac{40}{10}$ ㎡＝ 19㎡

②のボイラーは合計面積に算入しなくとも良いので、合計面積は 19㎡となり、ボイラー取扱作業主任者は、表 2.1 の 3 により、特級ボイラー技士、一級ボイラー技士又は二級ボイラー技士でなければならない。

ボ則 24

（例 6）下記のボイラーを取り扱う場合

① 水管ボイラー（伝熱面積 300㎡）

② 安全に停止する機能を満足させる自動制御装置を備えた水管ボイラー（伝熱面積 180㎡）

③ 安全に停止する機能を満足させる自動制御装置を備えた炉筒煙管ボイラー（伝熱面積 100㎡）

取り扱うボイラーの伝熱面積の合計＝ 300㎡＋ 180㎡＝ 480㎡

②のボイラーは安全に停止する機能を満足させる自動制御装置を備えているが、そのうち最大の伝熱面積であるので、合計面積に算入する必要がある。③のボイラーは合計面積に算入しなくとも良いので、合計面積は 480㎡となり、ボイラー取扱作業主任者は、表 2.1 の 2 により、特級ボイラー技士、一級ボイラー技士でなければならない。

**図 2.3** に、作業者の資格別にボイラー取扱作業主任者となることができるボイラーの範囲を示す。

(I)　ボイラー技士の場合

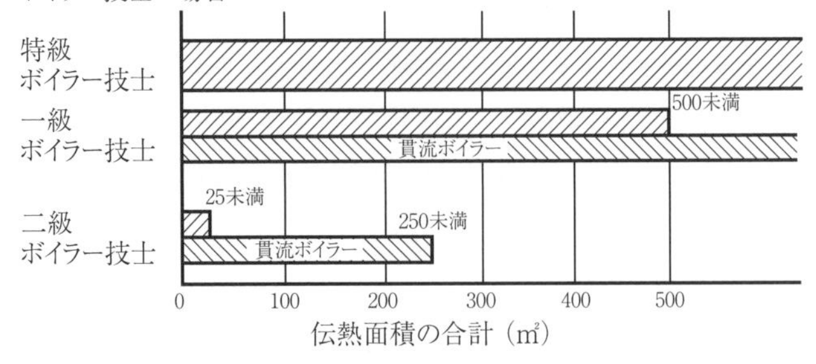


**(注)** ボイラーの伝熱面積の合計には、小規模ボイラー（下記(II)のボイラー）の伝熱面積は加えないことになっている。

(II)　ボイラー取扱技能講習修了者の場合

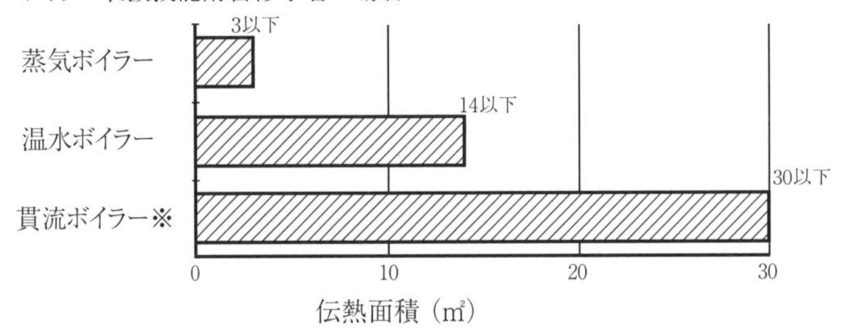


**(注)** ※貫流ボイラーについては、気水分離器を有する場合は、
$ds \leqq 400$, $Vs \leqq 0.4$　ds：気水分離器の内径（㎜）
Vs：気水分離器の内容積（㎥）

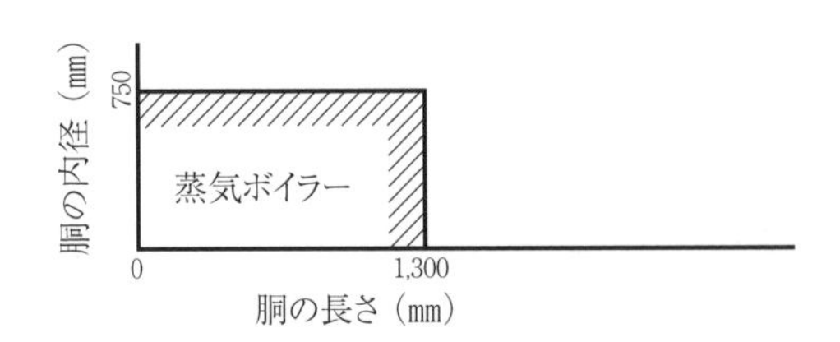


**図 2.3　資格別ボイラー取扱作業主任者となることができるボイラーの範囲**

### (2)　作業主任者の職務の分担

法　14
規　17

事業者は、ボイラー取扱作業主任者を２人以上選任したときは、それぞれの職務の分担を定め、その責任を明確にしておかなければならない。

### (3) ボイラー取扱作業主任者の職務

法 14
ボ則 25

事業者がボイラー取扱作業主任者に行わせなければならない事項は、次のとおりである。

① 圧力、水位及び燃焼状態を監視すること。
② 急激な負荷の変動を与えないように努めること。
③ 最高使用圧力を超えて圧力を上昇させないこと。
④ 安全弁の機能の保持に努めること。
⑤ 1日に1回以上、水面測定装置の機能を点検すること。（ただし、所轄労働基準監督署長が認定した自動制御装置を備えたボイラーについては、3日に1回以上とすることができる。）
⑥ 適宜、吹出しを行い、ボイラー水の濃縮を防ぐこと。
⑦ 給水装置の機能の保持に努めること。
⑧ 低水位燃焼遮断装置、火炎検出装置その他の自動制御装置を点検し、及び調整すること。
⑨ ボイラーについて異状を認めたときは、直ちに必要な措置を講ずること。
⑩ 排出されるばい煙の測定濃度及びボイラー取扱い中における異常の有無を記録すること。

## 2.7.3 使用制限

法 20
法 37
令 12
ボ則 26

ボイラーの安全を確保するためには、製造時はもちろん、使用中においても**ボイラー構造規格**（平成15年厚生労働省告示第197号）に定められている構造上の要件を維持しなければならない。このため事業者は、ボイラー構造規格に定める基準に合格したボイラーでなければ使用してはならないこととされている。

## 2.7.4 ばい煙の防止

ボ則 27

事業者は、ボイラーから排出されるばい煙（硫黄酸化物（SOx）、窒素酸化物（NOx）、ばいじん）による健康障害や

ボイラー

環境汚染などを予防するため、関係施設及び燃焼方法の改善などの措置を講じて、ばい煙を排出しないように努めなければならない。

### 2.7.5　附属品の管理

法　20
規　28
規　29
**ボ則 28**

事業者は、ボイラーの安全弁その他の附属品の管理について、次の事項を行わなければならない。

① 安全弁は、最高使用圧力以下で作動するように調整すること。ただし、安全弁が2個以上ある場合には、1個の安全弁を最高使用圧力以下で作動するように調整したときは、他の安全弁を最高使用圧力の**3%増以下**で作動するように段階的に調整することができる。

② 過熱器用安全弁は、過熱器の焼損を防止するために胴の安全弁より先に作動するように調整すること。

③ 逃がし管は、凍結してその機能を失うことのないように保温その他の措置を講ずること。

④ 圧力計又は水高計は、使用中その機能を害するような振動を受けることがないようにし、かつ、その内部が凍結し、又は**80℃以上**の温度にならない措置を講ずること。

⑤ 圧力計又は水高計の目もりには、そのボイラーの最高使用圧力を示す位置に、見やすい表示をすること。

⑥ 蒸気ボイラーの常用水位は、ガラス水面計又はこれに接近した位置に、現在水位と比較することができるように表示すること。

⑦ 燃焼ガスに触れる給水管、吹出し管及び水面測定装置の連絡管は、耐熱材料で防護すること。

⑧ 温水ボイラーの返り管には、凍結しないように保温その他の措置を講ずること。

### 2.7.6 ボイラー室の管理等

法 20
ボ則 29

事業者は、ボイラー室の管理等について、次の事項を行わなければならない。

① ボイラー室その他のボイラー設置場所には、関係者以外の者がみだりに立ち入ることを禁止し、かつ、その旨を見やすい箇所に掲示すること。

② ボイラー室には、必要がある場合のほか、引火しやすい物を持ち込ませないこと。

③ ボイラー室には、水面計のガラス管、ガスケットその他の必要な予備品及び修繕用工具類を備えておくこと。

規 18

④ ボイラー検査証並びにボイラー取扱作業主任者の資格及び氏名をボイラー室その他のボイラー設置場所の見やすい箇所に掲示すること。

⑤ 移動式ボイラーについては、ボイラー検査証又はその写をボイラー取扱作業主任者に所持させること。

⑥ 燃焼室、煙道などのれんがに割れが生じ、又はボイラーとれんが積みとの間にすき間が生じたときは、火災防止のためにすみやかに補修すること。

### 2.7.7 点火

法 20
法 26
ボ則 30

事業者は、ボイラーの点火を行うとき、ダンパの調子を点検し、燃焼室及び煙道の内部を十分に換気した後でなければ、点火してはならない。(ボイラーの点火時には、あらかじめダンパを開いて充満したガスを排出する必要があり、これを怠ると燃焼室又は煙道に未燃のガスが停滞しているときは爆発を起こすおそれがあるからである。)

また、労働者も、ボイラーの点火を行うときは、前述と同様に燃焼室又は煙道の換気を十分に行った後でなければ点火してはならないことと定められている。

### 2.7.8 吹出し

法 20
法 26
**ボ則 31**

事業者は、ボイラーの吹出しを行うときは、次によらなければならない。

① 1人で同時に2以上のボイラーの吹出しを行わないこと。

② 吹出しを行う間は、他の作業を行わないこと。
(いずれも、1のボイラーの吹出し作業に専念して、慎重に行い、減水などの事故を防止するために、定められたものである。)

また、労働者も、前述と同様に吹出し作業を行わなければならないことが定められている。

### 2.7.9 定期自主検査

法 45
令 15
**ボ則 32**

ボイラーについて、定期的及び使用再開時に事業者が自主検査を行うべきこと及びその結果を記録しておくべきことが規定されている。

ボイラーについては、1年ごとに登録性能検査機関又は所轄労働基準監督署長による性能検査が行われているが、ボイラー本体、燃焼装置、自動制御装置などの中には、更に短い期間ごとに点検を実施する必要があるものがあり、この点検が実施されなかったため異常状態の発見が遅れて災害を招いた例が少なくないので定められたものである。

#### (1) 実施時期

事業者は、ボイラーの使用開始後、**1月以内**ごとに1回定期に自主検査を行わなければならない。

**(除外)** 1月を超える期間使用しないボイラーの使用しない期間は自主検査を行わなくてよいが、再び使用を開始する時は、自主検査を行わなければならない。

### (2)　自主検査項目

次の**表 2.2** の左欄に掲げる事項ごとにそれぞれ同表の右欄に掲げる事項について行わなければならない。

**表 2.2 ボイラーの定期自主検査の項目と点検事項**

| 項目 | | 点検事項 |
|---|---|---|
| ボイラー本体 | | 損傷の有無 |
| 燃焼装置 | 油加熱器及び燃料送給装置 | 損傷の有無 |
| | バーナ | 汚れ又は損傷の有無 |
| | ストレーナ | つまり又は損傷の有無 |
| | バーナタイル及び炉壁 | 汚れ又は損傷の有無 |
| | ストーカ及び火格子 | 損傷の有無 |
| | 煙道 | 漏れその他の損傷の有無及び通風圧の異常の有無 |
| 自動制御装置 | 起動及び停止の装置、火炎検出装置、燃料しゃ断装置、水位調節装置並びに圧力調節装置 | 機能の異常の有無 |
| | 電気配線 | 端子の異常の有無 |
| 附属装置及び附属品 | 給水装置 | 損傷の有無及び作動の状態 |
| | 蒸気管及びこれに附属する弁 | 損傷の有無及び保温の状態 |
| | 空気予熱器 | 損傷の有無 |
| | 水処理装置 | 機能の異常の有無 |

### (3)　記録の保存

法　103
**ボ則 32**

事業者は、定期自主検査を行ったときはその結果を記録し、これを**3 年間保存**しなければならない。

### (4)　補修等

法　20
**ボ則 33**

事業者は、定期自主検査を行った場合に異状を認めたときは、補修その他の必要な措置を講じなければならない。

### 2.7.10 整備作業

ボイラーの整備作業とは、ボイラーの使用を中止し、ボイラー水を排出して行うボイラー本体及び附属設備の内外面の清浄作業並びに附属装置の整備の作業をいい、自動制御装置又は附属品のみを整備する作業は含まない。

ボイラーの整備などのためボイラー又は煙道に入る場合の労働者の安全の確保とともに不適切な整備作業によってボイラーに障害を生じ、その安全性がそこなわれることを防止するために次の規定が定められている。

**(1) ボイラー又は煙道の内部に入るときの措置**

法 20
**ボ則 34**

事業者は、労働者が掃除、修繕などのためボイラー（燃焼室を含む。）又は煙道の内部に入るときは、次の事項を行わなければならない。

① ボイラー又は煙道を冷却すること。

② ボイラー又は煙道の内部の換気を行うこと。

③ ボイラー又は煙道の内部で使用する移動電線は、キヤブタイヤケーブル又はこれと同等以上の絶縁効力及び強度を有するものを使用させ、かつ、移動電灯は、ガードを有するものを使用させること。

④ 使用中の他のボイラーとの管連絡を確実に遮断すること。

**(2) 就業制限**

法 61
令 20
**ボ則 35**

事業者は、ボイラー（小規模ボイラー、小型ボイラー及び簡易ボイラーを除く。）の整備の業務については、ボイラー整備士でなければ、整備業務につかせてはならない。

（小規模ボイラー、小型ボイラーや簡易ボイラーについては、ボイラー整備士でなくても整備ができる。）

### 2.7.11　事故報告

法　100
規　96

ボイラーの破裂、煙道ガスの爆発又はこれに準ずる事故（破裂に至らなくても、もう少し発見されずに対策が実施されていなければ、破裂に至るであろうと考えられるような大きな事故で、炉筒の圧潰、胴底部の膨出などを指す。）が発生したときは、事業者は、遅滞なく事故報告書を所轄労働基準監督署長に提出しなければならない。

なお、この報告は、従来ボイラー及び圧力容器安全規則に定められていたが、ボイラー等のほか、クレーン、ゴンドラ等についてもそれぞれの省令ごとに規定されていたので、これらを一括して労働安全衛生規則の中で規定されることに改正されたものであり、事故報告義務が削除されたものではないことに留意すること。

# 3　小型ボイラー

小型ボイラーは、1.1.3 ボイラーの区分の(2)（3ページ）で説明したように、その規模が小さく、危険性も比較的小さいので、その規制も一般のボイラーに比べると緩和されている。

## 3.1　検定

法　44
令　14

小型ボイラーの安全を確保するため、これを製造又は輸入した段階で個別検定を行い、**小型ボイラー構造規格**（昭和50年労働省告示第84号）に適合したものをユーザーに供給させようとする趣旨で定められたものである。

**ボ則90の2**

① だれが　i）小型ボイラーを製造し、又は輸入した者
　　　　　ii）小型ボイラーを外国において製造した者

② いつ　小型ボイラーを製造し、又は輸入したとき

③ 何について　小型ボイラー

④ どこに　**登録個別検定機関**　　法　54

⑤ 提出書類　小型ボイラー個別検定申請書　　検則1

⑥ その他　検定に関する詳細は、機械等検定規則による。

## 3.2　設置報告

法　100
**ボ則91**

小型ボイラーの設置に当たっては、設置場所付近の状況やその小型ボイラーが構造規格に適合しているかどうか（個別検定に合格しているか）を確認する必要があるので設置報告の義務を設置者に課したのである。

① だれが　小型ボイラーを設置した事業者

② いつ　小型ボイラーを設置したとき

③ 何について　小型ボイラーの設置

④ どこに　所轄労働基準監督署長

⑤ 提出書類　小型ボイラー設置報告書

⑥ 添付書面　［法 44／検則 1］

i）小型ボイラーの構造図

ii）小型ボイラー明細書

iii）小型ボイラーの設置場所の周囲の状況を示す図面

⑦ その他　**小型ボイラー構造規格**の要件を具備した小型ボイラーでなければ使用することができないこととされている。［法 42／令 13／法 20／規 27］

## 3.3　小型ボイラーの取扱い（特別の教育）

［法 59／ボ則 92］

事業者は、小型ボイラーの取扱いの業務に労働者を就かせるときは、その労働者に、その業務に関する安全のための一定の科目について特別の教育を行わなければならない（教育の意義については、2.7.1 ボイラー取扱の就業制限（39ページ）を参照のこと。）。ただし、ボイラーとは異なり、作業主任者の選任は必要ない。

なお、事業者に代わって労働災害防止団体等が教育要件を満たす特別教育が実施された場合は教育を受けたものとみなされる。［通達 S47.9.18 基発第602号］

また、事業者は特別教育を行ったときは、その結果などを記録し、これを**3年間保存**しなければならない。［規 38］

## 3.4　安全弁の調整

［法 20／ボ則 93］

事業者は、小型ボイラーの安全弁を**0.1MPa**（小型貫流ボイラーについては使用する最高圧力）**以下**の圧力で作動するように調整しなければならない。

## 3.5　定期自主検査

法　45
令　15
ボ則 94

小型ボイラーについては、監督官庁による定期的検査が義務づけられていないが、使用中スケールなどのたい積物によって過熱又は腐食を起こしたり、安全装置の作動不良を起こすおそれがあるので、事業者が定期的に掃除と自主点検を行い、その安全を確保すべきこととなっている。

**⑴　実施時期**

事業者は、小型ボイラーの使用開始後、**1年以内**ごとに1回、定期に自主検査を行わなければならない。

**（除外）** 1年を超える期間使用しない小型ボイラーの使用しない期間は自主検査を行わなくてよいが、再び使用を開始する時は、自主検査を行わなければならない。

**⑵　自主検査項目**

ボイラー本体、燃焼装置、自動制御装置及び附属品の損傷又は異常の有無

**⑶　記録の保存**

事業者は、定期自主検査を行ったときは、その結果を**記録**し、これを**3年間保存**しなければならない。

**⑷　補修等**

法　20
ボ則 95

事業者は、定期自主検査を行った場合に異常を認めたときは、**補修**その他の必要な措置を講じなければならない。

## 3.6　事故報告

法　100
規　96

　事業者は、小型ボイラーの破裂の事故が発生したときは、遅滞なく事故報告書を所轄労働基準監督署長に提出しなければならない（この報告に関する留意事項については、2.7.11 事故報告（52 ページ）を参照のこと。）。

## 4　簡易ボイラー

簡易ボイラーは、1.1.3ボイラーの区分の(1)（2ページ）で説明したようにボイラー及び圧力容器安全規則の適用はないが、政令で危険又は有害な作業を必要とする機械として指定されており、**簡易ボイラー等構造規格**（昭和50年労働省告示第65号）（簡易ボイラーに係る規定に限る。）に適合しなければ、譲渡・貸与・設置が禁止されている。また、使用中は、この規格に適合するように保持しなければならない。

法 42
令 13
法 20
規 27

なお、簡易ボイラーについては、取扱作業主任者の選任や設置報告は必要ない。

また、簡易ボイラーを取扱うにあたり、ボイラー及び圧力容器安全規則では、免許や教育等の規定はない。

# 5　第一種圧力容器

圧力容器のなかでも特に危険性の大きい第一種圧力容器については、安全を確保するために、ボイラーと同様に設計及び製造の当初から一定の基準によらせるとともに、その状況を国の機関が審査する必要があるという見地から第一種圧力容器の製造から設置、使用、廃止にいたるまでの各段階で規制されている。

第一種圧力容器の規制の水準については、ボイラーと同様であるが、第一種圧力容器は、ボイラーと比べてその構造などに違いがあるために、規制のうえで若干の相違がある。

## 5.1　製造

法 37
令 12
ボ則 49

### 5.1.1　製造許可

第一種圧力容器の製造に着手する前に、その設計、工作などを審査し、第一種圧力容器の安全を確保するために許可制となっている。

① だれが　第一種圧力容器を製造しようとする者
② いつ　第一種圧力容器を製造する前に（あらかじめ）
③ 何について　製造しようとする第一種圧力容器（設計及び製造）
④ どこに　第一種圧力容器を製造しようとしている事業場の所在地を管轄する都道府県労働局長（所轄都道府県労働局長）
⑤ 提出書類　第一種圧力容器製造許可申請書
⑥ 添付書面

i）第一種圧力容器の構造を示す図面
ii）次の事項を記載した書面
イ．強度計算

ロ．第一種圧力容器の製造及び検査のための設備の種類、能力及び数
ハ．工作責任者の経歴の概要
ニ．工作者の資格及び数
ホ．溶接によって製造するときは、溶接施行法試験結果

⑦　その他

ⅰ）すでに許可を受けている第一種圧力容器と同一型式の第一種圧力容器については改めて製造許可を受ける必要はない。

ⅱ）前述⑥ⅱ）のロの**設備**又はハの**工作責任者**を変更した時は、遅滞なくその旨を所轄都道府県労働局長に報告しなければならない（変更報告）。　法　100　**ボ則 50**

### 5.1.2　構造検査

法　38　**ボ則 51**

構造検査は、製造された第一種圧力容器が第一種圧力容器構造規格に適合し、その安全が確保されていることを確認するために行われる。

#### (1)　構造検査

①　だれが　第一種圧力容器を製造した者
②　いつ　第一種圧力容器を製造したとき
③　何について　製造した第一種圧力容器
④　どこに　**登録製造時等検査機関**　**ボ則 51 の 2**
登録製造時等検査機関がない場合は、所轄都道府県労働局長（設置地で組み立てる第一種圧力容器については、そ

の第一種圧力容器の設置地を管轄する都道府県労働局長）

⑤　提出書類　第一種圧力容器構造検査申請書

⑥　添付書類　第一種圧力容器明細書

⑦　その他

ｉ）溶接による第一種圧力容器については、溶接検査に合格した後でなければ構造検査を受けることができない。

ⅱ）**登録製造時等検査機関**とは、第一種圧力容器の構造検査、溶接検査及び使用検査を行うことについて厚生労働大臣の登録を受けた者をいう。　法　38　法　46

ⅲ）構造検査実施者（④）は、構造検査に合格した第一種圧力容器に所定の様式による刻印を押し、かつ、その**第一種圧力容器明細書**を申請者に交付する。　**ボ則 51**

### (2)　構造検査を受けるときの措置　法　38

構造検査を受ける者は、次の準備を行い、かつ、その検査に立ち会わなければならない。　**ボ則 52**

①　第一種圧力容器を検査しやすい位置に置くこと。

②　水圧試験の準備をすること。

③　安全弁又はこれに代わる安全装置を取りそろえておくこと。

### (3)　都道府県労働局長の構造検査実施上の権限　**ボ則 52**

都道府県労働局長は、構造検査のために必要があるときは、次の事項を構造検査を受ける者に命ずることができる。

① 第一種圧力容器の被覆物の全部又は一部を取り除くこと。

② 管若しくはリベットを抜き出し、又は板若しくは管に穴をあけること。

③ その他必要と認める事項。

### 5.1.3　溶接検査

法　38
ボ則 53

溶接検査は、溶接による第一種圧力容器の信頼性を増すために定められた。溶接検査は、溶接工作の過程において行われるので、溶接検査の申請は、溶接作業に着手する前に行わなければならないことに留意する。また、5.1.2 (1)⑦のⅰ）に述べたように、溶接による第一種圧力容器は、溶接検査に合格した後でなければ構造検査を受けることはできないことに注意する。

#### (1)　溶接検査

法　38
ボ則 53

① だれが　溶接による第一種圧力容器の溶接をしようとする者（一般に 5.1.2 の(1)の①と同一の者である場合が多い。）

② いつ　溶接作業に着手する前

③ 何について　溶接による第一種圧力容器の溶接

④ どこに　**登録製造時等検査機関**
登録製造時等検査機関がない場合は、所轄都道府県労働局長　（ボ則 53 の 2）

⑤ 提出書類　第一種圧力容器溶接検査申請書

⑥ 添付書類　第一種圧力容器溶接明細書

⑦ その他

i ）溶接検査実施者（④）は、溶接検査に合格した第一種圧力容器に所定の様式による刻印を押し、かつ、**第一種圧力容器溶接明細書**を申請者に交付する。

ii ）圧縮応力以外の応力を生じない部分のみが溶接による第一種圧力容器は、溶接検査を受ける必要はない。

**(2) 溶接検査を受けるときの措置**

法 38
**ボ則 54**

溶接検査を受ける者は、次の準備を行い、かつ、その検査に立ち会わなければならない。

① 機械的試験の試験片を作成すること。

② 放射線検査の準備をすること。

**(3) 第一種圧力容器の溶接を行う者**

法 61
令 20
**ボ則 55**

第一種圧力容器の溶接作業を行うことができる者は、次のように一定の技能を有するものに制限し、作業の安全と製造する第一種圧力容器の安全性を確保することとしている。

① 特別ボイラー溶接士の免許を受けた者

② 普通ボイラー溶接士の免許を受けた者（溶接部の厚さが25㎜以下の場合、又は管台、フランジなどを取り付ける場合の溶接に限る。）

ただし、次の溶接は、①又は②の資格がなくても溶接を行うことができる。

① 自動溶接機による溶接

② 管の周継手の溶接

③ 圧縮応力以外の応力を生じない部分の溶接

## 5.2　設置

法　88

第一種圧力容器を設置する場合の安全性について、工事の計画段階から監督官庁が審査を行う制度となっている。

### 5.2.1　設置届

**ボ則 56**

① だれが　第一種圧力容器（移動式第一種圧力容器を除く）を設置しようとする事業者

② いつ　第一種圧力容器の設置工事開始の日の**30 日前**まで

③ 何について　第一種圧力容器の設置工事計画

④ どこに　所轄労働基準監督署長（事業場の所在地を管轄する労働基準監督署長）

⑤ 提出書類　第一種圧力容器設置届

⑥ 添付書類

i）第一種圧力容器明細書

ii）設置場所の周囲の状況

iii）配管の状況

⑦ その他

i）設置届は、新設などこれから設置を行おうとする場合に必要であるが、既に設置してある第一種圧力容器の使用を廃止して、その後同一場所で再使用しようとする場合などにも必要である。

ii）第一種圧力容器設置届提出後30 日間に工事の差止め等の命令がない限り、30 日後には自動的に工事に着手できる。

iii）設置届は、構造検査などの合格前

であっても提出することができる。

（計画の届出の免除）

労働安全衛生マネジメントシステムを適切に実施しており、一定の安全衛生水準を満たしているとして労働基準監督署長に計画届の免除が認められた事業者（認定事業者）は、ボイラー、第一種圧力容器及び小型ボイラーの設置届、設置報告、変更届及び休止報告をしなくてもよい。なお、落成検査や変更検査は免除されない。

### 5.2.2 設置報告

法 100

ボ則 56 の 2

**移動式第一種圧力容器**は、その性質上設置段階での手続きが落成検査の省略など簡素化されている。

① だれが　移動式第一種圧力容器を設置しようとする者

② いつ　移動式第一種圧力容器を最初に使用しようとする前に（あらかじめ）

③ 何について　移動式第一種圧力容器の設置

④ どこに　所轄労働基準監督署長

⑤ 提出書類　第一種圧力容器設置報告書

⑥ 添付書類

i ）第一種圧力容器明細書

ii ）第一種圧力容器検査証

⑦ その他　移動式第一種圧力容器の設置報告を受けた労働基準監督署長は、第一種圧力容器検査証に事業場の所在地及び名称を記載してその**検査証**と**明細書**を事業者に返還する。

### 5.2.3 落成検査

法 38
ボ則 59

第一種圧力容器の設置工事が終わったときに、所轄労働基準監督署長がその第一種圧力容器及びその配管の状況について検査を行い、使用してよいかどうかが決められる。

① だれが　　第一種圧力容器を設置した者
② いつ　　　第一種圧力容器の設置工事が終了した後
③ 何について　第一種圧力容器及びその配管の状況
④ どこに　　所轄労働基準監督署長
⑤ 提出書類　第一種圧力容器落成検査申請書
⑥ その他
　i）落成検査は、構造検査又は使用検査に合格した後でなければ受けることができない。
　ii）落成検査は、移動式第一種圧力容器及び所轄労働基準監督署長が検査の必要がないと認めた第一種圧力容器について省略される。

### 5.2.4 第一種圧力容器検査証

法 39
ボ則 60

#### (1) 交付

所轄労働基準監督署長は、落成検査に合格した場合又は落成検査を省略した場合に、その第一種圧力容器について第一種圧力容器検査証を交付する。

#### (2) 有効期間

法 41
ボ則 72

i）第一種圧力容器検査証の有効期間は**1年**である。
ii）前項の規定にかかわらず、構造検査又は使用検査を受けた後設置されていない移動式第一種圧力容器であって、その間の保管状況が良好であると都道府県労働局長が認めたものについては、当該移動式第一種圧力容器の検査証の有効期間を構造検査又は使用検査の日から起算して2年を超えず、かつ、当該移動式第一種圧力容器を設置した日から起算して1年を超えない範囲内で延長することができる。

**(3) 使用等の禁止**

法 40

第一種圧力容器検査証を受けていない第一種圧力容器は使用することはできない。また、第一種圧力容器検査証を受けた第一種圧力容器は、第一種圧力容器検査証と一緒でなければ、譲渡又は貸与してはならない。

**(4) 再交付**

法 39
ボ則 60

第一種圧力容器設置者は、第一種圧力容器検査証を滅失し、又は損傷したときは、第一種圧力容器検査証再交付申請書に関係書面又は損傷した検査証を添えて所轄労働基準監督署長（移動式第一種圧力容器の第一種圧力容器検査証については、その検査証を交付した者）に提出し、その再交付を受けなければならない。

移動式第一種圧力容器の検査証の再交付を受けた者は、遅滞なく所轄労働基準監督署長に届け出て、第一種圧力容器検査証に事業場の所在地、名称等必要な事項について記載を受けなければならない。

### 5.2.5 使用検査

法 38
ボ則 57

使用検査は、輸入した第一種圧力容器、使用を廃止した第一種圧力容器を再び設置するなどで、設置に先立ち構造要件の具備状況を確認するものである。

**(1) 使用検査**

① だれが　　i）第一種圧力容器を輸入した者

圧力容器

ii）構造検査又は使用検査を受けた後**1年以上**（保管状況が良好であると都道府県労働局長が認めた第一種圧力容器については2年以上）設置されなかった第一種圧力容器を設置しようとする者

iii）使用を廃止した第一種圧力容器を再び設置し、又は使用しようとする者

iv）外国において第一種圧力容器を製造した者

② いつ　①に該当するようになったとき

③ 何について　①に該当する第一種圧力容器

④ どこに　**登録製造時等検査機関**　　ボ則57の2

登録製造時等検査機関がない場合は、都道府県労働局長

⑤ 提出書類　第一種圧力容器使用検査申請書

⑥ 添付書類　i）第一種圧力容器明細書

ii）構造規格に適合していることを証明する書面（輸入又は外国において製造された第一種圧力容器については、厚生労働大臣が指定する外国検査機関が発行したもの。）

⑦ その他

i）使用検査実施者（④）は、使用検査に合格した第一種圧力容器に所定の様式による刻印を押し、かつ、その**第一種圧力容器明細書**を申請

者に交付する。

ⅱ）使用検査実施者（④）は、使用検査に合格した移動式第一種圧力容器について、申請者に**第一種圧力容器検査証**を交付する。

法　39
ボ則 57

⑵　**使用検査を受けるときの措置**

法　38
ボ則 58

使用検査を受ける者が準備し、かつ、その検査に立ち会わなければならない義務は、前述の構造検査の場合の規定が準用される（5.1.2 構造検査の⑵（60 ページ）参照）。

## 5.3　性能検査

第一種圧力容器は、使用中に高温、高圧を受けるなどして経年変化し、第一種圧力容器各部に過熱、腐食、割れなどの損傷を生じるおそれがあるので、定期的にその状況を調査して、使用できるかどうかを決めることが必要である。規則ではこのために行う検査を性能検査といい、この検査の結果により検査証の有効期間を更新することとしている。

### 5.3.1　性能検査

法　41
ボ則 73

①　だれが　　第一種圧力容器検査証の有効期間の更新を受けようとする者

②　いつ　　第一種圧力容器検査証の有効期間が満了する前

③　何について　前述 5.2.3 落成検査の③（65 ページ）に掲げる事項

④　どこに　　**登録性能検査機関**（性能検査を行うことについて厚生労働大臣の登録を受けた者）

法　53 の 3

登録性能検査機関がない場合は、所轄

ボ則 74 の 2

労働基準監督署長

⑤　提出書類　第一種圧力容器性能検査申請書（所轄労働基準監督署長の検査を受ける場合）　法　41　ボ則 74

⑥　その他　法　41　ボ則 72　ボ則 73

i）性能検査を実施した者（④）は、性能検査に合格した第一種圧力容器の検査証の有効期間を更新する。**有効期間**は、原則として**1年**であるが、性能検査の結果により、1年未満又は1年を超え**2年以内の期間**とすることができる。

ii）⑤において、**登録性能検査機関**の性能検査を受けようとする場合は、その登録機関の定める方法により申し込む。

iii）ボ則第75条ただし書により、監督署長が認めたボイラーの性能検査を受けようとする者は、登録性能検査機関に対し、自主検査の結果を明らかにする書面を提出することができる。　ボ則 73 の 2

### 5.3.2　性能検査を受けるときの措置

法　41　ボ則 75

第一種圧力容器の性能検査を受ける者は、第一種圧力容器を冷却し、掃除し、その他性能検査に必要な準備をし、かつ、性能検査に立ち会わなければならない。ただし、所轄労働基準監督署長が認めた第一種圧力容器（一定水準以上の管理が行われている第一種圧力容器など）については、第一種圧力容器の冷却及び掃除をしないことができる。したがって、このような第一種圧力容器については、前回の開放状態の性能検査の受検を条件として、運転状態で性能検査を受けることができ、結果として2年間の連続運転ができることになる。さらに、一定の付加的な要件を満たしたときは、この期間を最大12年間とすることができる。

### 5.3.3　性能検査実施上の権限

ボ則75

労働基準監督署長が性能検査のために必要があるときに、性能検査を受ける者に命ずることができる事項は、構造検査において、都道府県労働局長が構造検査を受ける者に命ずることができる事項と同様である（5.1.2構造検査の(3)（60ページ）参照）。

## 5.4　変更、休止及び廃止

法　88

前節までは、第一種圧力容器の製造から使用に至る通常の一連の手続関係の規制であるが、本節では、第一種圧力容器の変更（修繕）、休止又は廃止の手続などを記す。

### 5.4.1　変更

第一種圧力容器の安全上重要な部分を変更（修繕）しようとする場合、強度低下や構造要件への影響がないことを期するために設けられたものである。

**(1)　変更届**

法　88
ボ則76

①　だれが　**胴、鏡板、底板、管板、蓋板又はステー**を変更しようとする事業者
②　いつ　変更工事の開始の日の**30日前**まで
③　何について　変更工事計画
④　どこに　所轄労働基準監督署長
⑤　提出書類　第一種圧力容器変更届

圧力容器

⑥　添付書類

i）第一種圧力容器検査証

ii）変更工事の内容を示す書面

⑦　その他

①の変更届を必要とする部分又は設備以外のもの、例えば煙管ボイラーの煙管や水管ボイラーの水管は自由に取替え、修繕ができる。

### (2) 変更検査

法　38
ボ則 77

① だれが　第一種圧力容器に変更を加えた者

② いつ　第一種圧力容器の変更工事が終了したとき

③ 何について　第一種圧力容器の変更部分又は設備

④ どこに　所轄労働基準監督署長

⑤ 提出書類　第一種圧力容器変更検査申請書

⑥ その他

i）所轄労働基準監督署長が変更検査の必要がないと認めた第一種圧力容器については、変更検査は省略される。

ii）所轄労働基準監督署長が変更検査のために必要があるときに、変更検査を受ける者に命ずることができる事項は、構造検査において都道府県労働局長が構造検査を受ける者に命ずることができる事項と同様である（5.1.2 構造検査の(3)（60 ページ）参照）。

iii）変更検査を受ける者は、この検査に立ち会わなければならない。

### (3) 第一種圧力容器検査証の裏書

法 39
ボ則 78

所轄労働基準監督署長は、変更検査に合格した第一種圧力容器について、その第一種圧力容器検査証に**検査期日、変更部分**及び**検査結果**について**裏書**を行う。変更検査を省略された第一種圧力容器についても同様に裏書が行われる。

## 5.4.2 事業者等の変更

法 40
ボ則 79

| | | |
|---|---|---|
| ① | だれが | 第一種圧力容器を承継した事業者の管理を引き受けた事業者 |
| ② | いつ | 変更後 **10 日以内** |
| ③ | 何について | 第一種圧力容器に関する事業者の変更 |
| ④ | どこに | 所轄労働基準監督署長 |
| ⑤ | 提出書類 | 第一種圧力容器検査証書替申請書 |
| ⑥ | 添付書類 | 第一種圧力容器検査証 |
| ⑦ | その他 | この手続きをすれば、第一種圧力容器検査証の書替を受けるだけで、そのまま使用が認められる。 |

## 5.4.3 休止

法 100
ボ則 80

| | | |
|---|---|---|
| ① | だれが | 第一種圧力容器の使用を休止しようとする設置者 |
| ② | いつ | 第一種圧力容器検査証の有効期間中 |
| ③ | 何について | 第一種圧力容器検査証の有効期間の満了後まで第一種圧力容器を休止すること |
| ④ | どこに | 所轄労働基準監督署長 |
| ⑤ | 提出書類 | 第一種圧力容器休止報告 |

圧力容器

⑥ その他　第一種圧力容器の使用の休止中に、当該第一種圧力容器検査証の有効期間が満了する場合、事業者はあらかじめ所轄労働基準監督署長に休止報告を行う必要がある。（休止報告を行っていないと、有効期間を過ぎた検査証は無効となる。）
休止の後、ボイラー検査証の有効期間を超えて使用しようとするボイラーについては、次項の使用再開検査に合格する必要がある。

### 5.4.4 使用再開検査

法 38
**ボ則 81**

① だれが　使用を休止した第一種圧力容器を再び使用しようとする者

② いつ　使用再開前

③ 何について　使用を再開する第一種圧力容器

④ どこに　所轄労働基準監督署長

⑤ 提出書類　第一種圧力容器使用再開検査申請書

⑥ その他

i ）所轄労働基準監督署長が使用再開検査のために必要があるときに使用再開検査を受ける者に命ずることができる事項は、構造検査において都道府県労働局長が構造検査を受ける者に命ずることができる事項と同様である（5.1.2 構造検査の(3)（60 ページ）参照）。

ii ）使用再開検査を受ける者は、この

検査に立ち会わなければならない。

iii）所轄労働基準監督署長は、使用再開検査に合格した第一種圧力容器について、その第一種圧力容器検査証に**検査期日**及び**検査結果**について**裏書**を行う。

法 39
**ボ則 47**

### 5.4.5　廃止

**ボ則 83**

| | | |
|---|---|---|
| ① | だれが | 第一種圧力容器の使用を廃止した事業者 |
| ② | いつ | 第一種圧力容器の使用廃止後遅滞なく |
| ③ | 何について | 使用を廃止した第一種圧力容器 |
| ④ | どこに | 所轄労働基準監督署長 |
| ⑤ | 提出書類 | 第一種圧力容器検査証 |

## 5.5　第一種圧力容器の据付位置等

法 20
**ボ則 61**

第一種圧力容器は、取扱い、掃除及び検査に支障がない位置に設置しなければならない。

直火式第一種圧力容器については、火災防止上の見地から2.6.4 ボイラーと可燃物との距離（38 ページ）の規定が準用される。

なお、第一種圧力容器の据付け作業については、ボイラーの据付け作業の場合のような指揮者を定める規定はない。

## 5.6　第一種圧力容器の取扱管理

第一種圧力容器の取扱作業については、ボイラーの場合と異なり個々の就業者の資格について制限していないが、取扱管理について第一種圧力容器を危険物等を製造するなどの化学設備

圧力容器

とそれ以外のものに区分してそれぞれの種類の大きさによって一定の資格を有する者を作業主任者に選任し、これに作業者の指揮などをさせることとしている。

### 5.6.1　第一種圧力容器取扱作業主任者

法 14
令 1
令 6
**ボ則 62**

#### (1)　選任の基準

第一種圧力容器の区分、種類及び大きさにより選任すべき第一種圧力容器取扱作業主任者の資格を**表 5.1** に示す。

表中の化学設備関係第一種圧力容器取扱作業主任者技能講習修了者及び普通第一種圧力容器取扱作業主任者技能講習修了者は、都道府県労働局長の登録を受けた者が行うそれぞれの技能講習の修了者をいう。

また、電気事業法、高圧ガス保安法及びガス事業法の適用を受ける第一種圧力容器について、それぞれの法律にもとづく一定の資格者に対して、都道府県労働局長が与える特定第一種圧力容器取扱作業主任者免許を受けた者のうちから選任することができる特例が定められている（9.4（104 ページ）参照）。

## 表 5.1　第一種圧力容器の区分による第一種圧力容器取扱作業主任者の資格

<table>
<tr><th colspan="3">第一種圧力容器</th><th rowspan="2">第一種圧力容器取扱作業主任者の資格</th></tr>
<tr><th>区　分</th><th>1.4.1 第一種圧力容器(1)による種類</th><th>内容積</th></tr>
<tr><td rowspan="2">(Ⅰ). 化学設備関係第一種圧力容器</td><td>①加熱器</td><td>5$m^3$超</td><td rowspan="2">○化学設備関係第一種圧力容器取扱作業主任者技能講習修了者</td></tr>
<tr><td>②反応器<br>③蒸発器<br>④アキュムレータ</td><td>1$m^3$超</td></tr>
<tr><td>(Ⅱ). (Ⅰ)以外の第一種圧力容器</td><td>同上</td><td>同上</td><td>○特級ボイラー技士<br>○一級ボイラー技士<br>○二級ボイラー技士<br>○普通第一種圧力容器取扱作業主任者技能講習修了者<br>○化学設備関係第一種圧力容器取扱作業主任者技能講習修了者</td></tr>
<tr><td>(Ⅲ). 電気事業法、高圧ガス保安法又はガス事業法の適用を受ける第一種圧力容器</td><td>同上</td><td>同上</td><td>○(Ⅰ)及び(Ⅱ)の欄の資格者<br>○特定第一種圧力容器取扱作業主任者免許を受けた者（ただし、(Ⅰ)の容器については高圧ガス保安法及びガス事業法にもとづく一定の資格者に限る。）</td></tr>
</table>

### ⑵　作業主任者の職務の分担

法 14
規 17

事業者は、第一種圧力容器取扱作業主任者を 2 人以上選任したときは、それぞれの職務の分担を定め、その責任を明確にしておかなければならない。

### ⑶　第一種圧力容器取扱作業主任者の職務

法 14
ボ則 63

事業者が第一種圧力容器取扱作業主任者に行わせなければならない事項は、次のとおりである。

① 最高使用圧力を超えて圧力を上昇させないこと。

② 安全弁の機能の保持に努めること。

③ 第一種圧力容器を初めて使用するとき、又はその使用方法若しくは取り扱う内容物の種類を変えるときは、労働者にあらかじめその作業の方法を周知させるとともに、その作業を直接指揮すること。

④ 第一種圧力容器及びその配管に異常を認めたときは、直ちに必要な措置を講ずること。

⑤ 第一種圧力容器の内部における温度、圧力などの状態について随時点検し、異常を認めたときは、直ちに必要な措置を講ずること。

⑥ 第一種圧力容器に係る設備の運転状態について必要な事項を記録するとともに、交替時には確実にその引継ぎを行うこと。

## 5.6.2　使用の制限

法 20
法 37
令 12
ボ則 64

第一種圧力容器の安全を確保するためには、製造時はもちろん、使用中においても**第一種圧力容器構造規格**（平成 15 年厚生労働省告示第 197 号）に定められている構造上の要件を維持しなければならない。このため事業者は、第一種圧力容器構造規格に定める基準に合格した第一種圧力容器でなければ使用してはならないこととされている。

### 5.6.3　附属品の管理

法 20
規 28
規 29
**ボ則 65**

事業者は、第一種圧力容器の安全弁、圧力計などの附属品の管理について、次の事項を行わなければならない。

① 安全弁は、最高使用圧力以下で作動するように調整すること。ただし、安全弁が2個以上ある場合には、1個の安全弁を最高使用圧力以下で作動するように調整したときは、他の安全弁を最高使用圧力の**3%増以下**で作動するように段階的に調整することができる。

② 圧力計は、使用中その機能を害するような振動を受けることがないようにし、かつ、内部が凍結し、又は**80℃以上**の温度にならない措置を講ずること。

③ 圧力計の目もりには、その第一種圧力容器の最高使用圧力を示す位置に、見やすい表示をすること。

### 5.6.4　掲示

法 20
規 18
**ボ則 66**

事業者は、第一種圧力容器取扱作業主任者の氏名を、第一種圧力容器を設置している場所の見やすい箇所に掲示し、管理上の責任を明確にすることが定められている。

また、移動式第一種圧力容器については、第一種圧力容器検査証又はその写を第一種圧力容器取扱作業主任者に所持させることが規定されている。

### 5.6.5　定期自主検査

法 45
令 15
**ボ則 67**

第一種圧力容器について、定期的及び使用再開時に事業者が自主検査を行うべきこと及びその結果を記録しておくべきことが規定されている。

第一種圧力容器については、1年ごとに登録性能検査機関又は所轄労働基準監督署長による性能検査が行われているが、第一種圧力容器本体などの中には、更に短い期間ごとに点検を実施する必要があるものがあり、この点検が実施されなかったため異常状態の発見が遅れて災害を招いた例が少なくないので定められたものである。

⑴　**実施時期**

事業者は、第一種圧力容器の使用開始後、**1月以内**ごとに1回定期に自主検査を行わなければならない。

**(除外)** 1月を超える期間使用しない第一種圧力容器の使用しない期間は自主検査を行わなくてよいが、再び使用を開始する時は、自主検査を行わなければならない。

⑵　**自主検査項目**

①　本体損傷の有無

②　ふたの締付けボルトの摩耗の有無

③　管及び弁の損傷の有無

⑶　**記録の保存**

法　103
**ボ則 67**

事業者は、定期自主検査を行ったときはその結果を記録し、これを**3年間保存**しなければならない。

⑷　**補修等**

法　20
**ボ則 68**

事業者は、定期自主検査を行った場合に異状を認めたときは、補修その他の必要な措置を講じなければならない。

## 5.6.6　整備作業

法　20
**ボ則 69**
通　達
S46.6.29
基発第463号

⑴　**第一種圧力容器の内部に入るときの措置**

第一種圧力容器の整備の作業とは、第一種圧力容器の使用を中止し、本体を開放して行なう内外面の清浄作業並びに附属装置等の整備の作業をいい、附属装置又は附属品のみを整備する作業は含まない。

第一種圧力容器の整備などのため、第一種圧力容器の内部に入る場合の労働者の安全の確保とともに不適切な整備作業によって第一種圧力容器に障害を生じ、その安全性がそこなわれることを防止するために次の規定が定められている。

① 第一種圧力容器を冷却すること。

② 第一種圧力容器の内部の換気を行なうこと。

③ 第一種圧力容器の内部で使用する移動電線は、キヤブタイヤケーブル又はこれと同等以上の絶縁効力及び強度を有するものを使用させ、かつ、移動電燈は、ガードを有するものを使用させること。

④ 使用中のボイラー又は他の圧力容器との管連絡を確実に遮断すること。

法　61

**(2) 就業制限**

**ボ則 70**

事業者は、第一種圧力容器のうち次に掲げるものを除く容器の整備の業務については、ボイラー整備士でなければ、整備業務につかせてはならない。

令　1

通　達
S34.2.19
基発第 102 号

① 1.4.1 第一種圧力容器(1)（13 ページ）の「①　加熱器」（蒸煮器、消毒器、精練器など）に掲げる容器で、内容積が 5m³以下のもの

② 1.4.1 第一種圧力容器(1)（13 ページ）の「②　反応器」（反応器、原子力関係容器など）、「③　蒸発器」（蒸発器、蒸留器など）、「④　アキュムレータ」（スチーム・アキュムレータ、フラッシュタンク、脱気器など）に掲げる容器で、内容積が 1m³以下のもの

③ 小型圧力容器

## 5.6.7　事故報告

法　100

規　96

第一種圧力容器の破裂の事故が発生したときは、事業者は、遅滞なく事故報告書を所轄労働基準監督署長に提出しなけれ

ばならない。（この報告に関する留意事項については、2.7.11 事故報告（52ページ）を参照のこと。）。

## 6　第二種圧力容器

第二種圧力容器は、1.4.2 第二種圧力容器（16 ページ）で説明したように、内容物によって第一種圧力容器よりも危険性が小さいので、その規制は第一種圧力容器に比べると緩和されている。

### 6.1　検定

法　44
令　14

第二種圧力容器の安全を確保するため、これを製造し、又は輸入した段階で個別検定を行い、**第二種圧力容器構造規格**（平成 15 年厚生労働省告示第 196 号）に適合した安全なものをユーザーに供給させようとする趣旨で定められたものである。

**ボ則 84**

① だれが　i ）第二種圧力容器を製造し、又は輸入した者
　ii ）第二種圧力容器を外国において製造した者

② いつ　第二種圧力容器を製造し、又は輸入したとき

③ 何について　第二種圧力容器

④ どこに　**登録個別検定機関**

法　54
検則 1

⑤ 提出書類　第二種圧力容器個別検定申請書

⑥ その他　検定に関する詳細は、機械等検定規則による。

### 6.2　設置・据付け等

第二種圧力容器については、設置報告を行うことは必要ない。また、据付け作業の指揮者を定める規定もない。

法　42
令　13
法　20
規　27

なお、第二種圧力容器構造規格の要件を具備した第二種圧力容器でなければ使用することができないこととされている。

## 6.3 第二種圧力容器の取扱い

第二種圧力容器については、取扱作業主任者の選任は必要ない。

また、第二種圧力容器を取扱うにあたり、ボイラー及び圧力容器安全規則では、免許や教育等の規定はない。

## 6.4 安全弁の調整

法 20
**ボ則 86**

事業者は、第二種圧力容器の安全弁については、最高使用圧力以下で作動するように調整しなければならない。ただし、安全弁が2個以上ある場合には、1個の安全弁を最高使用圧力以下で作動するように調整したときは、他の安全弁を最高使用圧力の**3%増以下**で作動するように調整することができる。

## 6.5 圧力計の防護

法 27
法 20
**ボ則 87**

事業者は、圧力計の機能を保持するため、次の措置をとらなければならない。

① 圧力計の内部が凍結し、又は**80℃以上**の温度にならないような措置を講じること。

② 圧力計の目もりには、その第二種圧力容器の最高使用圧力を示す位置に見やすい表示をすること。

## 6.6 定期自主検査

法 45
令 15
**ボ則 88**

第二種圧力容器については、設置後監督官庁による定期的検査を受けないが、使用の継続によって胴板などに腐食、割れなどの損傷を生じたり、安全装置の作動不良を起こすなどしてその安全性をそこなうことがあるので、事業者が定期的に自主検査を行うことが義務づけられたものである。

### (1) 実施時期

事業者は、第二種圧力容器の使用開始後、**1年以内**ごとに1回定期に行わなければならない。

**(除外)** 1年を超える期間使用しない第二種圧力容器の使用しない期間は自主検査を行わなくてよいが、再び使用を開始するときは、自主検査を行わなければならない。

**⑵　自主検査項目**

①　本体の損傷の有無

②　ふたの締付けボルトの摩耗の有無

③　管及び弁の損傷の有無

**⑶　記録の保存**

法　103
**ボ則 88**

事業者は、定期自主検査を行ったときは、その結果を記録し、これを**3年間保存**しなければならない。

**⑷　補修等**

法　20
**ボ則 89**

事業者は、定期自主検査を行った場合に、異常を認めたときは、補修その他の必要な措置を講じなければならない。

## 6.7　事故報告

法　100
規　96

事業者は、第二種圧力容器の破裂の事故が発生したときは、遅滞なく事故報告書を所轄労働基準監督署長に提出しなければならない（この報告に関する留意事項については、2.7.11 事故報告（52ページ）を参照のこと。）。

圧力容器

# 7　小型圧力容器

小型圧力容器は、1.4.1 第一種圧力容器の(2)③（14 ページ）で説明したように、その規模が小さく、危険性も比較的小さいので、その規制も第一種圧力容器に比べると緩和されている。

## 7.1　検定

法 44
令 14

小型圧力容器の安全を確保するため、これを製造又は輸入した段階で個別検定を行い、**小型圧力容器構造規格**（昭和 50 年労働省告示第 84 号）に適合したものをユーザーに供給させようとする趣旨で定められたものである。

**ボ則 90 の 2**

① だれが　i）小型圧力容器を製造し、又は輸入した者
　　　　　ii）小型圧力容器を外国において製造した者

② いつ　小型圧力容器を製造し、又は輸入したとき

③ 何について　小型圧力容器

④ どこに　**登録個別検定機関**

法 54

⑤ 提出書類　小型圧力容器個別検定申請書

検則 1

⑥ その他　検定に関する詳細は、機械等検定規則による。

## 7.2　設置・据付け等

小型圧力容器については、設置報告を行うことは必要とされていない。また、据付け作業の指揮者を定める規定もない。

なお、小型圧力容器構造規格の要件を具備した小型圧力容器でなければ使用することができないこととされている。

法 42
令 13
法 20
規 27

## 7.3　小型圧力容器の取扱い

小型圧力容器については、取扱作業主任者の選任は必要ない。

また、小型圧力容器を取扱うにあたり、ボイラー及び圧力容器安全規則では、免許や教育等の規定はない。

## 7.4　安全弁の調整

法　20
**ボ則 93**

事業者は、小型圧力容器の安全弁について、**0.1MPa**（1.4.1第一種圧力容器⑵③のハ（14ページ）の小型圧力容器については、使用する最高圧力）**以下**の圧力で作動するように調整しなければならない。

## 7.5　定期自主検査

法　45
令　15
**ボ則 94**

小型圧力容器については、監督官庁による定期的検査が義務づけられていないが、使用中に発生するたい積物によって過熱又は腐食を起こしたり、安全装置の作動不良を起こすおそれがあるので、事業者が定期的に掃除と自主点検を行い、その安全を確保すべきこととなっている。

**⑴　実施時期**

事業者は、小型圧力容器の使用開始後、**1年以内**ごとに1回、定期に自主検査を行わなければならない。

（除外）1年を超える期間使用しない小型圧力容器の使用しない期間は自主検査を行わなくてよいが、再び使用を開始する時は、自主検査を行わなければならない。

**⑵　自主検査項目**

本体、ふたの締付ボルト、管及び弁の損傷又は摩耗の有無

**⑶　記録の保存**

法　103

圧力容器

事業者は、定期自主検査を行ったときは、その結果を記録し、これを**3年間保存**しなければならない。

ボ則 94

(4)　**補修等**

法　20
ボ則 95

事業者は、定期自主検査を行った場合に異常を認めたときは、**補修**その他の必要な措置を講じなければならない。

## 7.6　事故報告

法　100
規　96

事業者は、小型圧力容器の破裂の事故が発生したときは、遅滞なく事故報告書を所轄労働基準監督署長に提出しなければならない（この報告に関する留意事項については、2.7.11 事故報告（52ページ）を参照のこと。）。

## 8　その他の圧力容器

次の圧力容器については、ボイラー及び圧力容器安全規則は適用されないが、**簡易ボイラー等構造規格**（昭和50年労働省告示第65号）（圧力容器に係る規定に限る。）を具備しなければ譲渡し、貸与し、又は設置することを禁止されている。また、使用中は、この規格に適合するように保持しなければならない。

法 42
令 13
法 20
規 27

① 1.4.1 第一種圧力容器⑵の②に掲げた（簡易）容器（14ページ）

② 1.4.2 第二種圧力容器⑴の②に掲げた（圧力気体保有）容器（16ページ）

なお、（簡易）容器や（圧力気体保有）容器については、取扱作業主任者の選任や設置報告は必要ない。

また、（簡易）容器や（圧力気体保有）容器を取扱うにあたり、ボイラー及び圧力容器安全規則では、免許や教育等の規定はない。

# 9 免　許

## 9.1 ボイラー技士免許

法 72

### 9.1.1 ボイラー技士免許の種類とこれを受けることができる者の資格

**ボ則 97**
規 62
規 66 の 2

ボイラー技士免許は、次の三種類に区分されており、原則として、一定の実務経験を有し、かつ、厚生労働大臣が指定した**指定試験機関**（公益財団法人安全衛生技術試験協会）が行うそれぞれのボイラー技士免許試験に合格した者に対して、都道府県労働局長が所定の免許証を交付して免許を与える。ただし、特級ボイラー技士、一級ボイラー技士免許を受けるには以下の①、②に示す経験等が必要である。なお、二級ボイラー技士免許については、上記のほか職業能力開発促進法による一定のボイラー運転に関する訓練を修了した者などにも与えられる。

① 特級ボイラー技士免許

一級ボイラー技士免許取得後ボイラー取扱経験 5 年以上若しくはボイラー取扱作業主任者経験 3 年以上又は**表 9.1**（90 ページ）の特級ボイラー技士免許試験受験資格のロ、ハに該当するもので、特級ボイラー技士免許試験に合格した者。

② 一級ボイラー技士免許

二級ボイラー技士免許取得後ボイラー取扱経験 2 年以上若しくはボイラー取扱作業主任者経験 1 年以上又は**表 9.1**（90 ページ）の一級ボイラー技士免許試験受験資格のロ、ハに該当するもので、一級ボイラー技士免許試験に合格した者。

③ 二級ボイラー技士免許

次のいずれかに該当し、二級ボイラー技士免許試験

に合格した者

i）大学、高等専門学校又は高等学校（ボイラー学科目）卒業後、ボイラー取扱実地修習3月以上

ii）ボイラー取扱実地修習6月以上

iii）ボイラー取扱技能講習を修了後、小規模ボイラー取扱経験4月以上

iv）ボイラー実技講習修了者

v）エネルギー使用の合理化及び非化石エネルギーへの転換等に関する法律、船舶職員法又は電気事業法による免許を受けた者及び鉱山保安法に基づく一定の資格を有する者で、一定の条件を満たすもの

vi）鉱山保安法に基づく一定の取扱経験を有する者

**表9.1　級別免許試験受験資格**

| ボイラー技士免許試験級別 | イ、資格 | ロ、学卒者等 | ハ、他の法律等による資格者 |
|---|---|---|---|
| 特　　級 | 一級ボイラー技士免許取得者 | 大学又は高等専門学校（ボイラー学科目）卒業後ボイラー取扱実地修習2年以上 | ○エネルギー使用の合理化に関する法律<br>○船舶職員法<br>○電気事業法<br>による免許を受けた者で、一定の条件を満たすもの |
| 一　　級 | 二級ボイラー技士免許取得者 | 大学、高等専門学校又は高等学校（ボイラー学科目）卒業後ボイラー取扱実地修習1年以上 | 上欄の法律及び鉱山保安法に基づく一定の資格を有する者で、一定の条件を満たすもの |

（注）取扱実地修習におけるボイラーは、小規模ボイラー、小型ボイラー及び簡易ボイラーを除いたボイラーである。

### 9.1.2 ボイラー技士免許を受けることができない者等

以下のいずれかに該当する場合、免許を受けることができないと規定されている。

① 身体又は精神の機能の障害により、ボイラー技士免許に係る業務を適正に行うに当たって、必要なボイラーの操作又はボイラーの運転状態の確認を適切に行うことができない者。（法 72、**ボ則 98 の 2**）

ただし、都道府県労働局長は身体又は精神の機能の障害がある者に対して、その取り扱うことのできるボイラーの種類を限定し、その他作業についての必要な条件を付して、ボイラー技士免許を与えることができる。（法 110、**ボ則 99**）

② ボイラー技士免許を取り消され、その取消しの日から起算して1年を経過しない者（法 72）

③ 満 18 歳に満たない者（**ボ則 98**）

④ 同一の種類の免許を現に受けている者（規 64）

### 9.1.3 ボイラー技士免許の申請手続

#### (1) ボイラー技士免許試験に合格した者（法 72）

① いつ　特級、一級ボイラー技士免許（法 74 の 2、規 66 の 3）

所定のボイラー取扱い経験年数を経ること、免許試験に合格することの二つの条件が揃った段階で

**(注)** 上記のボイラーは小規模ボイラー、小型ボイラー及び簡易ボイラーを除く

二級ボイラー技士免許

所定の実地修習の修了、所定のボイラー取扱い経験若しくはボイラー実技

講習の修了と、免許試験に合格することとの二つの条件が揃った段階で

② 提出書類　免許申請書

③ 添付書面　免許試験を行った指定試験機関の発行した試験合格通知書と①の実務経験等の免許を受ける資格を証する書面

④ 提出先　東京労働局免許証発行センター

**(2) ボイラー技士免許試験に合格した者以外の者**　法 72　法 74 の 2　規 66 の 3

① 提出書類　免許申請書

② 添付書面　免許を受けることができる者であることを証明する書面

③ 提出先　申請者の住所を管轄する都道府県労働局長

### 9.1.4 ボイラー技士免許証の再交付又は書替え

**(1) 再交付**　法 72　法 74 の 2　規 67

ボイラー技士免許証の交付を受けた者で、現にボイラー取扱業務に就いていたり又は就こうとするものは、これを滅失し、又は損傷したときは、免許証再交付申請書をボイラー技士免許証の交付を受けた都道府県労働局長又はその者の住所を管轄する都道府県労働局長に提出し、ボイラー技士免許証の再交付を受けなければならない。

**(2) 書替え**　法 72　法 74 の 2　規 67

ボイラー技士免許証の交付を受けた者で、当該免許に係る業務に現に就いているもの又は就こうとするものは、氏名を変更したときは、免許証書替申請書をボイラー技士免許証の交付を受けた都道府県労働局長又はその者の住所を管轄する都道府県労働局長に提出し、ボイラー技士免許証の書替えを受けなければならない。

### 9.1.5 免許の取消しと効力の停止

(1) 都道府県労働局長は、ボイラー技士免許を受けた者が、9.1.2 ボイラー技士免許を受けることができない者等①（91 ページ）に該当するようになったときは、そのボイラー技士免許を取り消さなければならない。ただし、取消しの理由に該当しなくなったときは、再びボイラー技士免許を受けることができる。

法 74
法 72
法 74

(2) 都道府県労働局長は、ボイラー技士免許を受けた者が次のいずれかに該当するようになったときは、そのボイラー技士免許を取り消し、又は 6 月を超えない範囲内で期間を定めてそのボイラー技士免許の効力を停止することができる。

規 66

① 故意又は重大な過失により、そのボイラー技士免許に係る業務（ボイラー取扱）について重大な事故を発生させたとき。

② その免許に係る業務（ボイラー取扱）について、労働安全衛生法又はこれに基づく命令（ボイラー及び圧力容器安全規則、労働安全衛生規則など）の規定に違反したとき。

③ 9.1.2 ①（91 ページ）ただし書によるボイラー技士免許の条件に違反したとき。

④ ボイラー技士免許試験の受験についての不正その他の不正の行為があったとき。

⑤ ボイラー技士免許証を他人に譲渡し、又は貸与したとき。

### 9.1.6 ボイラー技士免許証の返還

前述のボイラー技士免許の取消しの処分を受けた者は、遅滞なくボイラー技士免許の取消しをした都道府県労働局長に

法 74
法 74 の 2
規 68

ボイラー技士免許証を返還しなければならない。

### 9.1.7　ボイラー技士免許試験

法　75
法 75 の 2

ボイラー技士免許試験は、規則で定める区分ごとに、都道府県労働局長が行うことが定められているが、法改正により厚生労働大臣が指定した試験機関に免許試験事務を行わせることができることとなった。これに基づき、指定試験機関として公益財団法人安全衛生技術試験協会が指定され、免許試験事務を行うこととなり、昭和 62 年からは、全都道府県労働局長は免許試験を行わないこととなった。

### 9.1.8　ボイラー技士免許試験の受験資格

法　75
ボ則 101

特級ボイラー技士免許と一級ボイラー技士免許については、それぞれ表 9.1 のように免許試験の受験資格が定められている。

一方、二級ボイラー技士免許については、免許試験の受験資格は定められていない。

### 9.1.9　ボイラー技士免許試験の試験科目

法　75
ボ則 102

ボイラー技士免許試験は、次の科目について、学科試験によって行うことと定められている。

なお、各科目の試験の範囲は、厚生労働省告示**ボイラー技士、ボイラー溶接士及びボイラー整備士免許規程**（昭和 47 年労働省告示第 116 号）によって示されている。

① ボイラーの構造に関する知識
② ボイラーの取扱いに関する知識
③ 燃料及び燃焼に関する知識
④ 関係法令

### 9.1.10　ボイラー技士試験科目の免除

法　75
ボ則 102 の 2

都道府県労働局長は**特級**ボイラー技士免許試験において、一部の科目に合格点を得た者について、その試験の行われた月の翌月の初めから起算して2年以内に実施される試験を受ける場合は、その合格点を得た科目を免除することができることとされた。

### 9.1.11 ボイラー技士免許試験の細目

法 75
ボ則 103

ボイラー技士免許試験の実施について、労働安全衛生規則には受験手続などが定められ、ボイラー及び圧力容器安全規則にも受験資格、試験科目など（9.1.8 から 9.1.10 まで参照）が定められている。これらの規定以外の免許試験の実施に必要な事項は、厚生労働省告示**ボイラー技士、ボイラー溶接士及びボイラー整備士免許規程**（昭和47年労働省告示第116号）により、受験資格、試験科目の範囲、時間及び実施方法、ボイラー実技講習などを具体的に定めている。

## 9.2 ボイラー溶接士免許

### 9.2.1 ボイラー溶接士免許の種類とこれを受けることができる者の資格

法 72
規 66 の 2
ボ則 104

ボイラー溶接士免許は、**特別ボイラー溶接士免許**と**普通ボイラー溶接士免許**の二種類に区分されている。それぞれの免許を受けることができる次の者に対し、都道府県労働局長が所定の免許証を交付して免許を与える。

① 特別ボイラー溶接士免許
……特別ボイラー溶接士免許試験に合格した者

② 普通ボイラー溶接士免許
……イ. 普通ボイラー溶接士免許試験に合格した者
ロ. 普通ボイラー溶接士免許試験の学科試験の全科目及び実技試験の全部の免除を受けることができる者

### 9.2.2 ボイラー溶接士免許を受けることができない者等

以下のいずれかに該当する場合、免許を受けることができないと規定されている。

① 身体又は精神の機能の障害により、ボイラー溶接士免許に係る業務を適正に行うに当たって、必要な溶接機器の操作を適切に行うことができない者とする。（法 72、ボ則 105 の 2）
ただし、都道府県労働局長は身体又は精神の機能の障害がある者に対して、その者が行うことのできる作業を限定し、その他作業についての必要な条件を付して、ボイラー溶接士免許を与えることができる。（法 110、ボ則 106）

② ボイラー溶接士免許を取り消され、その取消しの日から起算して1年を経過しない者（法 72）

③ 満 18 歳に満たない者（ボ則 105）

④ 同一の種類の免許を現に受けている者（規 64）

### 9.2.3　ボイラー溶接士免許の申請手続

（法 72、法 74 の 2、規 66 の 3）

| | | |
|---|---|---|
| ① | いつ | 9.2.1（ボイラー溶接士免許の種類とこれを受けることができる者の資格）のいずれかに該当した段階で |
| ② | 提出書類 | 免許申請書 |
| ③ | 添付書面 | 免許試験を行った指定試験機関の発行した試験合格通知書 |
| ④ | 提出先 | 東京労働局免許証発行センター |

### 9.2.4　ボイラー溶接士免許の有効期間等

（法 73、ボ則 107）

(1) ボイラー溶接士は、溶接作業に従事していないとその技能が低下するおそれがあるので、ボイラー溶接士免許に**2 年の有効期間**が設けられている。

(2) ボイラー溶接士が、有効期間満了前の1年間の溶接作業実績などからボイラー溶接士としての技能の低下が認められない場合に都道府県労働局長は、その免許の

免許等

有効期間を更新する。

(3) ボイラー溶接士免許の有効期間の更新を受けようとする者は、その有効期間の満了前に、免許更新申請書をその免許を受けた都道府県労働局長又はその者の住所を管轄する都道府県労働局長に提出することと定められている。

### 9.2.5 ボイラー溶接士免許証の再交付

法 72
法 74 の 2
規 67

ボイラー溶接士免許証の交付を受けた者で、現にボイラー溶接業務に就いていたり又は就こうとするものは、これを滅失し、又は損傷したときは、免許証再交付申請書をボイラー溶接士免許証の交付を受けた都道府県労働局長又はその者の住所を管轄する都道府県労働局長に提出し、ボイラー溶接士免許証の再交付を受けなければならない。

### 9.2.6 ボイラー溶接士免許証の書替え

法 72
法 74 の 2
規 67

ボイラー溶接士免許証の交付を受けた者で、現にボイラー溶接業務に就いていたり又は就こうとするものは、氏名を変更したときは、免許証書替申請書をボイラー溶接士免許証の交付を受けた都道府県労働局長又はその者の住所を管轄する都道府県労働局長に提出し、ボイラー溶接士免許証の書替えを受けなければならない。

### 9.2.7 ボイラー溶接士免許の取消しと効力の停止

法 74
法 72

(1) 都道府県労働局長は、ボイラー溶接士免許を受けた者が、9.2.2 ボイラー溶接士免許を受けることができない者等①（95 ページ）に該当するようになったときは、そのボイラー溶接士免許を取り消さなければならない。ただし、取消しの理由に該当しなくなったときは、再びボイラー溶接士免許を受けることができる。

法 74

(2) 都道府県労働局長は、ボイラー溶接士免許を受けた者が次のいずれかに該当するようになったときは、そのボイラー溶接士免許を取り消し、又は6月を超えない範囲内で期間を定めてそのボイラー溶接士免許の効力を停止することができる。

規　66

① 故意又は重大な過失により、その免許に係る業務（ボイラー溶接）について重大な事故を発生させたとき。

② その免許に係る業務（ボイラー溶接）について、労働安全衛生法又はこれに基づく命令（ボイラー及び圧力容器安全規則、労働安全衛生規則など）の規定に違反したとき。

③ 9.2.2 ①（96ページ）ただし書によるボイラー溶接士免許の条件に違反したとき。

④ ボイラー溶接士免許試験の受験についての不正その他の不正の行為があったとき。

⑤ ボイラー溶接士免許証を他人に譲渡し、又は貸与したとき。

### 9.2.8　ボイラー溶接士免許証の返還

法　74
法74の2
規　68

前述の免許の取消しの処分を受けた者は、遅滞なくボイラー溶接士免許の取消しをした都道府県労働局長にボイラー溶接士免許証を返還しなければならない。

### 9.2.9　ボイラー溶接士免許試験

法　75
法75の2

ボイラー溶接士免許試験は、規則で定める区分ごとに、都道府県労働局長が行うことが定められているが、法改正により厚生労働大臣が指定した試験機関に免許試験事務を行わせることができることとなった。詳細については、9.1.7 ボイラー技士免許試験（94ページ）を参照されたい。

免許等

### 9.2.10　ボイラー溶接士免許試験の受験資格

法　75
ボ則 109

⑴　特別ボイラー溶接士免許試験は、普通ボイラー溶接士免許を受けた後１年以上ボイラー又は第一種圧力容器の溶接作業の経験がある者でなければ、受けることができない。

⑵　普通ボイラー溶接士免許試験は、１年以上溶接作業の経験がある者でなければ、受けることができない。

### 9.2.11　ボイラー溶接士免許試験の試験科目

法　75
ボ則 110

特別・普通ボイラー溶接士免許試験は、いずれも学科試験と実技試験によって行い、実技試験は学科試験の合格者について行うことと定められている。

**⑴　学科試験の試験科目**

①　ボイラーの構造及びボイラー用材料に関する知識
②　ボイラーの工作及び修繕方法に関する知識
③　溶接施行方法の概要に関する知識
④　溶接棒及び溶接部の性質の概要に関する知識
⑤　溶接部の検査方法の概要に関する知識
⑥　溶接機器の取扱方法に関する知識
⑦　溶接作業の安全に関する知識
⑧　関係法令

**⑵　実技試験の科目**

突合せ溶接

### 9.2.12　ボイラー溶接士試験科目の免除

法　75
ボ則 111

⑴　学科試験については、指定試験機関が行った１年以内（免許試験を行う都道府県労働局長と同一の都道府県労働局長の行った学科試験の場合は前回）の学科試験に合格した者及びボイラー溶接士免許の有効期間が満了した後２年以内の者に対して、学科試験の全科目が免除される。

⑵　実技試験については、国土交通省又は経済産業省関係の溶接技量試験で、この規則による実技試験と同等以上と認められる試験に合格した者に対して、普通ボイラー溶接士免許試験の実技試験の全部が免除される。

### 9.2.13　ボイラー溶接士免許試験の細目

法　75
**ボ則 112**

ボイラー溶接士免許試験の実施について必要な事項のうち、労働安全衛生規則とボイラー及び圧力容器安全規則に定められている事項以外の事項は、厚生労働省告示**ボイラー技士、ボイラー溶接士及びボイラー整備士免許規程**（昭和47年労働省告示第116号）により学科試験科目の範囲、時間、実施方法並びに実技試験の溶接方法及び試験板の材料、形状、寸法、溶接棒を具体的に定めている。

## 9.3　ボイラー整備士免許

### 9.3.1　ボイラー整備士免許を受けることができる者の資格

法　72
**ボ則 113**

ボイラー整備士免許は、次のいずれかに該当する者でボイラー整備士免許試験に合格した者に対して、都道府県労働局長が与える。

ⅰ）ボイラー（1.1.3 ⑶（4ページ）のボイラーで小規模ボイラーを除く。）又は表5.1（76ページ）の第一種圧力容器の整備の補助の業務に6月以上従事した経験を有する者

ⅱ）小規模ボイラー（1.1.3 ⑶（4ページ）参照）の整備の業務又は表5.1（76ページ）の第一種圧力容器より小さい第一種圧力容器（小型圧力容器及び（簡易）容器を除く。）の整備の業務に6月以上従事した経験を有する者

免許等

iii）職業能力開発促進法による一定のボイラー運転に関する訓練を修了した者

### 9.3.2 ボイラー整備士免許を受けることができない者等

法 72
ボ則 114 の 2

以下のいずれかに該当する場合、ボイラー整備士免許を受けることができないと規定されている。

① 身体又は精神の機能の障害により、ボイラー整備士免許に係る業務を適正に行うに当たって、必要なボイラーの掃除又は附属品の分解等を適切に行うことができない者とする。

法 110
ボ則 114 の 4

ただし、都道府県労働局長は身体又は精神の機能の障害がある者に対して、その者が行うことのできる作業を限定し、その他作業についての必要な条件を付して、ボイラー整備士免許を与えることができる。

法 72

② ボイラー整備士免許を取り消され、その取消しの日から起算して１年を経過しない者

ボ則 114

③ 満 18 歳に満たない者

規 64

④ 同一の種類の免許を現に受けている者

### 9.3.3 ボイラー整備士免許の申請手続

法 72
法 74 の 2
規 66 の 3

① いつ　9.3.1（ボイラー整備士免許を受けることができる者の資格）のいずれかに該当した段階で

② 提出書類　免許申請書

③ 添付書面　免許試験を行った指定試験機関の発行した試験合格通知書と①の実務経験等の免許を受ける資格を証する書面

④ 提出先　東京労働局免許証発行センター

### 9.3.4 ボイラー整備士免許証の再交付

法 72
法 74 の 2

ボイラー整備士免許証の交付を受けた者で、現にボイラー

整備業務に就いていたり又は就こうとするものは、これを滅失し、又は損傷したときは、免許証再交付申請書をボイラー整備士免許証の交付を受けた都道府県労働局長又はその者の住所を管轄する都道府県労働局長に提出し、ボイラー整備士免許証の再交付を受けなければならない。　規 67

### 9.3.5　ボイラー整備士免許証の書替え

法 72
法 74 の 2
規 67

　ボイラー整備士免許証の交付を受けた者で、現にボイラー整備業務に就いていたり又は就こうとするものは、氏名を変更したときは、免許証書替申請書をボイラー整備士免許証の交付を受けた都道府県労働局長又はその者の住所を管轄する都道府県労働局長に提出し、ボイラー整備士免許証の書替えを受けなければならない。

### 9.3.6　ボイラー整備士免許の取消しと効力の停止

法 74
法 72

(1)　都道府県労働局長は、ボイラー整備士免許を受けた者が、9.3.2 ボイラー整備士免許を受けることができない者等①（101 ページ）に該当するようになったときは、そのボイラー整備士免許を取り消さなければならない。ただし、取消しの理由に該当しなくなったときは、再びボイラー整備士免許を受けることができる。

法 74
規 66

(2)　都道府県労働局長は、ボイラー整備士免許を受けた者が次のいずれかに該当するようになったときは、そのボイラー整備士免許を取り消し、又は 6 月を超えない範囲内で期間を定めてそのボイラー整備士免許の効力を停止することができる。

①　故意又は重大な過失により、その免許に係る業務（ボイラー整備）について重大な事故を発生させたとき。

②　その免許に係る業務（ボイラー整備）について、労働安全衛生法又はこれに基づく命令（ボイラー及び

免許等

圧力容器安全規則、労働安全衛生規則など）の規定に違反したとき。

③ 9.2.2 ①（96 ページ）ただし書によるボイラー整備士免許の条件に違反したとき。

④ ボイラー整備士免許試験の受験についての不正その他の不正の行為があったとき。

⑤ ボイラー整備士免許証を他人に譲渡し、又は貸与したとき。

### 9.3.7 ボイラー整備士免許証の返還

法 74
法 74 の 2
規 68

前述の免許の取消しの処分を受けた者は、遅滞なくボイラー整備士免許の取消しをした都道府県労働局長にボイラー整備士免許証を返還しなければならない。

### 9.3.8 ボイラー整備士免許試験

法 75
法 75 の 2

ボイラー整備士免許試験は、都道府県労働局長が行うことが定められているが、法改正により厚生労働大臣が指定した試験機関に免許試験事務を行わせることができることとなった。詳細については、9.1.7 ボイラー技士免許試験（94 ページ）を参照されたい。

### 9.3.9 ボイラー整備士免許試験の試験科目

法 75
**ボ則 116**

免許試験は、次の科目について、学科試験によって行うことと定められている。

① ボイラー及び第一種圧力容器に関する知識

② ボイラー及び第一種圧力容器の整備の作業に関する知識

③ ボイラー及び第一種圧力容器の整備の作業に使用する器材、薬品等に関する知識

④ 関係法令

### 9.3.10　ボイラー整備士試験科目の免除

法　75
ボ則 117

都道府県労働局長は、ボイラー技士及び職業能力開発促進法による一定のボイラー運転に関する訓練を修了した者については、9.3.9 の試験科目の①について、十分な知識を有するとみなされるので免除できることが定められている。

### 9.3.11　ボイラー整備士免許試験の細目

法　75
ボ則 118

ボイラー整備士免許試験の実施について必要な事項のうち、労働安全衛生規則とボイラー及び圧力容器安全規則に定められている事項以外の事項は、厚生労働省告示**ボイラー技士、ボイラー溶接士及びボイラー整備士免許規程**（昭和 47 年労働省告示第 116 号）により学科試験科目の範囲などを具体的に定めている。

## 9.4　特定第一種圧力容器取扱作業主任者免許

法　72
ボ則 119

電気事業法などの適用を受ける第一種圧力容器について、それぞれの法律に基づく一定の資格を有する者(**表 9.2**)に対して、都道府県労働局長が特定第一種圧力容器取扱作業主任者免許を与えて、その第一種圧力容器の作業を管理させることが規定されている。

法　74
ボ則 119

したがって、この免許を受けた者が経済産業大臣又は都道府県知事から免許を与える資格となるそれぞれの法律に基づく免状の返納を命ぜられたときは、特定第一種圧力容器取扱作業主任免許も取消される。

**表 9.2 特定第一種圧力容器作業主任者に選任することができる特例**

| 法 律 | 資 格 者 |
|---|---|
| 電気事業法 | ○第一種又は第二種ボイラー・タービン主任技術者免状取得者（ただし、化学設備関係第一種圧力容器取扱作業主任者へは選任できない。） |
| 高圧ガス保安法 | ○製造保安責任者免状取得者<br>○販売主任者免状取得者 |
| ガス事業法 | ○ガス主任者免状取得者 |

# 10　各種技能講習

免許以外で作業主任者や就業制限業務に従事する労働者は登録教習機関が行う技能講習を修了した者でなければならない(39､75ページ参照)。

法　77

## 10.1　ボイラー取扱技能講習

法　76

ボ則 122

### 10.1.1　受講資格

ボイラー取扱技能講習については、受講資格（制限）は定められていない。

### 10.1.2　講習科目

ボイラー取扱技能講習は、次の科目について学科講習によって行うことが定められている。

① ボイラーの構造に関する知識

② ボイラーの取扱いに関する知識

③ 点火及び燃焼に関する知識

④ 点検及び異常時の処置に関する知識

⑤ 関係法令

## 10.2　化学設備関係第一種圧力容器取扱作業主任者技能講習及び普通第一種圧力容器取扱作業主任者技能講習

### 10.2.1　受講資格

法　76

ボ則 122の2

化学設備関係第一種圧力容器取扱作業主任者技能講習は、化学設備の取扱作業に5年以上従事した経験を有する者でなければ、受講することができない。

普通第一種圧力容器取扱作業主任者技能講習については、受講資格（制限）は定められていない。

### 10.2.2 講習科目

法 76
ボ則 123

(1) 化学設備関係第一種圧力容器取扱作業主任者技能講習は、次の科目について学科講習によって行うことが定められている。

① 第一種圧力容器の構造に関する知識

② 第一種圧力容器の取扱いに関する知識

③ 危険物及び化学反応に関する知識

④ 関係法令

(2) 普通第一種圧力容器取扱作業主任者技能講習は、次の科目について学科講習によって行うことが定められている。

① 第一種圧力容器（化学設備に係るものを除く。次の②においても同じ。）の構造に関する知識

② 第一種圧力容器の取扱いに関する知識

③ 関係法令

## 10.3 技能講習の細目

法 76
ボ則 124

本章の各種技能講習については、労働安全衛生規則に受講手続、技能講習修了証の交付、再交付及び書替などが一括して定められている。このほか講習の実施に必要な細目については、厚生労働省告示**ボイラー取扱技能講習、化学設備関係第一種圧力容器取扱作業主任者技能講習及び普通第一種圧力容器取扱作業主任者技能講習規程**（昭和 47 年労働省告示第 117 号）によって定めている。

# 11　雑　則

ボ則 125

　ボイラー及び圧力容器に関する法規としては、労働安全衛生法のほかに船舶安全法、電気事業法、高圧ガス保安法などがあり、それぞれの法規に基づいて国の機関の監督が行われている。したがって、これらのボイラー及び圧力容器の安全性は十分確保されているので、二重監督の弊害を避けるため、この規則に基づく基準と同等以上の危害防止に関する基準を定めている他の法令の適用を受けるボイラー又は圧力容器については、この規則の規定を適用しないこととし、具体的に法令ごとに適用を除外する条文を定めている（内容は省略）。

# 12　ボイラー構造規格（抜粋）

（数字は、ボイラー構造規格中の条文を示す。）

## 12.1　鋼製ボイラー

### 12.1.1　安全弁

**(1)　取付数**　62

蒸気ボイラーには、安全弁を2個以上備えること。

（例外）伝熱面積50㎡以下の蒸気ボイラーでは、安全弁を1個とすることができる。

**(2)　性能**　62

蒸気ボイラー内部の圧力を最高使用圧力以下に保持することができる安全弁とすること。

（作動圧力の調整については、2.7.5附属品の管理の①（47ページ）参照）

**(3)　取付方法**　62

①　ボイラー本体の容易に検査できる位置に、直接取り付けること。

②　弁軸を鉛直にすること

**(4)　構造**　62

引火性蒸気を発生する蒸気ボイラーについては、安全弁を密閉式の構造とするか、又は安全弁からの排気をボイラー室外の安全な場所へ導くようにしなければならない。

**(5)　過熱器の安全弁**　63

①　取付位置と能力

過熱器には、過熱器の出口付近に過熱器の温度を設計温度以下に保持することができる安全弁を備えなければならない。

②　取付位置の例外

貫流ボイラーについては、前述(3)の規定にかかわらず、そのボイラーの最大蒸発量以上の吹出し量の安全弁を過熱器の出口付近に取り付けることができる。

**(6)　安全弁及び銘板**　64

最高使用圧力が0.1MPaを超える蒸気ボイラーに備えるリフトが弁座口の径の1/15以上の揚程式安全弁及び全量式安全弁については、次の事項を満足しなければならない。

① 安全弁の材料及び構造が日本工業規格（JIS B 8210「蒸気用及びガス用ばね安全弁」）に適合すること又はこれと同等以上の機械的性質を有すること。

② 次の事項を記載した銘板を見やすいところに取り付けること。

イ．製造者の名称又は商標

ロ．呼び径

ハ．設定圧力（単位　MPa）

ニ．吹出し量（単位　kg/h）

## 12.1.2　温水ボイラーの逃がし弁、逃がし管及び安全弁　65

**(1)　選択**

① 逃がし弁

水の温度が120℃以下の温水ボイラーには、圧力が最高使用圧力に達すると直ちに作用する、逃がし弁を備えなければならない。

(例外) 上記のボイラーで容易に検査できる位置に内部の圧力を最高使用圧力以下に保持できる逃がし管を備えれば、逃がし弁は不要である。

② 安全弁

水の温度が120℃を超える温水ボイラーには、安全弁を備えなければならない。

構造規格

⑵　**逃がし弁及び安全弁の性能**

温水ボイラー内部の圧力が最高使用圧力以下に保持することができる逃がし弁又は安全弁とすること。

## 12.1.3　圧力計、水高計及び温度計

⑴　**圧力計**　66

①　取付位置

蒸気ボイラーの蒸気部、水柱管又は水柱管に至る蒸気側連絡管に取り付けなければならない。

②　取付方法

ⅰ）蒸気が直接圧力計に入らないようにすること。

ⅱ）コック又は弁の開閉状況を容易に知ることができること。

ⅲ）圧力計への連絡管は、容易に閉塞（そく）しない構造であること。

③　目盛盤

ⅰ）圧力計の目盛盤の最大指度は、最高使用圧力の1.5倍以上3倍以下の圧力を示す指度としなければならない。

ⅱ）圧力計の目盛盤の径は、目盛を確実に確認できるものとしなければならない。

⑵　**温水ボイラーの水高計**　67

①　取付位置

温水ボイラーには、ボイラー本体又は温水の出口付近に水高計を取り付けなければならない。ただし、水高計の代わりに圧力計を取り付けることができる。

②　コック等の取付方法

水高計又は圧力計に設けたコック又は弁の開閉状況を容易に知ることができなくてはならない。

③　目盛盤

水高計の目盛盤の最大指度は、最高使用圧力の1.5倍以上3倍以下の圧力を示す指度としなければならない。

**(3)　温度計**　68

①　蒸気ボイラー

蒸気ボイラーには、過熱器の出口付近における蒸気の温度を表示する温度計を取り付けなければならない。

②　温水ボイラー

温水ボイラーには、ボイラーの出口付近における温水の温度を表示する温度計を取り付けなければならない。

## 12.1.4　水面測定装置

**(1)　ガラス水面計**　69

①　取付数　2個以上

（例外）次の蒸気ボイラーにあっては、その水面測定装置のうちの1個をガラス水面計でない水面測定装置とすることができる。

i）胴の内径が750mm以下の蒸気ボイラー

ii）遠隔指示水面測定装置を2個取り付けた蒸気ボイラー

②　取付け

i）蒸気ボイラー（貫流ボイラーを除く。）には、ボイラー本体又は水柱管にガラス水面計を取り付けなければならない。

ii）ガラス水面計は、そのガラス管の最下部が蒸気ボイラーの使用中維持しなければならない最低の

構造規格

水面（以下（安全低水面）という。）を指示する位置に取り付けなければならない。

③　水面計のガラス

蒸気ボイラー用水面計のガラスは、日本工業規格（JIS B 8211「ボイラー水面計ガラス」）に適合するもの又はこれと同等以上の機械的性質を有するものでなければならない。

④　構造

ガラス水面計は、随時、掃除及び点検を行うことができる構造としなければならない。

**(2)　水柱管**　70

i）最高使用圧力1.6MPaを超えるボイラーの水柱管は、鋳鉄製としてはならない。

ii）水柱管は、容易に閉塞しない構造としなければならない。

**(3)　水柱管との連絡管**　71

i）水柱管とボイラーとを結ぶ連絡管は、容易に閉塞しない構造とし、かつ、水側連絡管及び水柱管は、容易に内部の掃除ができる構造としなければならない。

ii）水側連絡管は、管の途中に中高又は中低のない構造とし、かつ、これを水柱管又はボイラーに取り付ける口は、水面計で見ることができる最低水位より上であってはならない（図12.1において、点線（イ）の取付けは禁止される。）。

iii）蒸気側連絡管は、管の途中にドレンのたまる部分がない構造とし、かつ、これを水柱管及びボイラーに取り付ける口は、水面計で見ることができる最高水位より下であってはならない（図 12.1 において、点線（ロ）の取付けは禁止される。）。

iv）前述 i ）から iii）までの規定は、水面計に連絡管を取り付ける場合にも準用される。

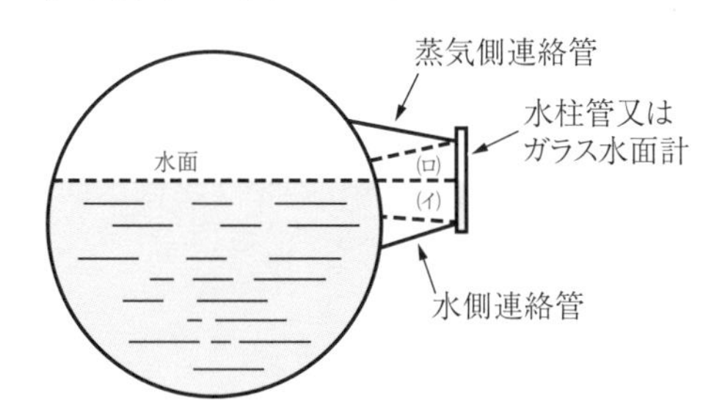


**図 12.1　ボイラーと水柱管との連絡管取付図**

72

### (4)　験水コック

ガラス水面計でない水面測定装置として験水コックを設ける場合には、次の条件に適合するものでなくてはならない。

①　取付数

図 12.2 に示す験水コックを 3 個以上をもって、ガラス水面計でない水面計 1 個とされる。

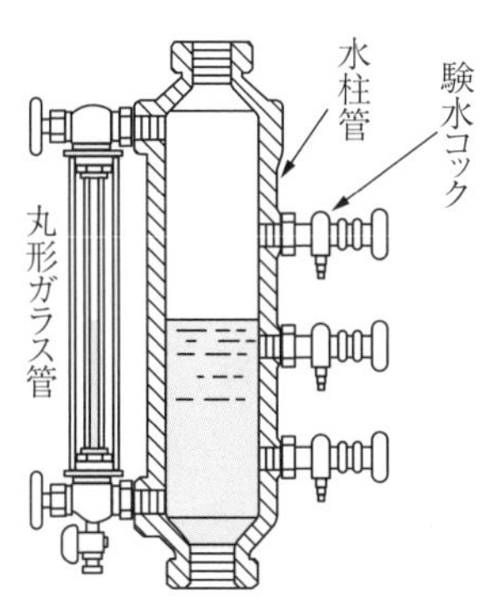


**図 12.2　験水コック**

構造規格

（例外）胴の内径が750mm以下で、かつ、伝熱面積が10m²未満の蒸気ボイラーでは、験水コックを2個とすることができる。

② 取付位置

i）ガラス水面計のガラス管取付位置と同等の高さの範囲に取り付けなければならない。

ii）験水コックは、その最下位のものを安全低水面の位置に取り付けなければならない。

③ 連絡管

験水コックと蒸気ボイラーを結ぶ連絡管は、容易に閉塞しない構造としなければならない。

### 12.1.5 給水装置等

#### (1) 給水装置

① 設置　73

蒸気ボイラーには、給水装置を備えなければならない。（後述③の場合には設置数において特例がある。）

② 給水能力　73

蒸気ボイラーの最大蒸発量以上を給水できる給水装置でなければならない。

③ 設置数の特例とその給水能力　73

次の蒸気ボイラーについては、随時単独に最大蒸発量以上を給水できる給水装置を2個設けなければならない。ただし、給水装置の一つが2個以上の給水ポンプを結合したものである場合には、他の給水装置の給水能力は、そのボイラーの最大蒸発量に達しなくても、最大蒸発量の25％以上で、かつ、2個以上の給水ポンプを結合した給水装置のうちの給水能力が最大である給水ポンプの給水能力以上とすることができる。

**（給水装置を２個備えなければならないボイラー）**

ｉ）蒸気ボイラーであって、燃料の供給を遮断してもなおボイラーへの熱供給が続くもの（例：固体燃料などを使用するボイラー等）

ii）低水位燃料遮断装置（後述 12.1.8 自動制御装置の(2)(119ページ)参照）を有しない蒸気ボイラー

（例）最大蒸発量が 10t/h の蒸気ボイラーの場合に、第１の給水装置の給水能力が 5t/h、3t/h、2t/h の３個で構成されているときは、第２の給水装置の給水能力は、10t/h なくとも 5t/h（第１の給水装置の給水能力中最大のもので、かつ、最大蒸発量の 25%（2.5t/h）以上）とすることができる。

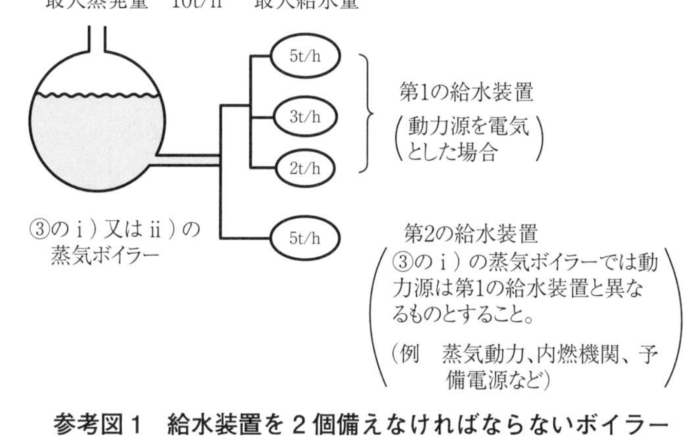


**参考図１　給水装置を２個備えなければならないボイラー**

④　動力源

前述の③のｉ）の蒸気ボイラーに備えられた給水装置は、それぞれ別の動力により運転できるものでなければならない。

73

構造規格

（例）第１の給水装置の動力源が電気の場合は、第２の動力源は、蒸気動力、内燃機関又は予備電源等によることとされている。（参考図１参照）。

⑤　近接した２以上の蒸気ボイラーの特例　74

近接した２以上の蒸気ボイラーを結合して使用する場合には、それらの蒸気ボイラーを１の蒸気ボイラーとみなして、前述の①から④までの規定が適用される。

**(2)　給水弁と逆止め弁**　75

給水装置の給水管には、蒸気ボイラーに近接した位置に、給水弁と逆止め弁を取り付けなければならない。

（例外）ただし、貫流ボイラー及び最高使用圧力0.1MPa未満の蒸気ボイラーにあっては、給水弁のみとすることができる。

**(3)　給水内管**　76

給水内管は、取外しができる構造のものでなければならない。

## 12.1.6　蒸気止め弁及び吹出し装置

**(1)　蒸気止め弁**

①　蒸気止め弁の強さ　77

蒸気止め弁は、これを取り付ける蒸気ボイラーの最高使用圧力及び最高蒸気温度に耐えるものでなければならない。

②　ドレン抜き

ドレンがたまる位置に蒸気止め弁を設ける場合には、ドレン抜きを備えなければならない。

③　過熱器

過熱器には、ドレン抜きを備えなければならない。

**⑵　吹出し装置**

①　吹出し管　78

ⅰ）取り付け

蒸気ボイラー（貫流ボイラーを除く。）には、スケールその他の沈殿物を排出することができる吹出し管であって吹出し弁又は吹出しコックを取り付けたものを備えなければならない。

ⅱ）吹出し弁と吹出しコックの数

最高使用圧力1MPa以上の蒸気ボイラー（移動式ボイラーを除く。）の吹出し管には、吹出し弁を２個以上又は吹出し弁と吹出しコックをそれぞれ１個以上直列に取り付けなければならない。

ⅲ）２以上の蒸気ボイラーの吹出し管

ボイラーごとにそれぞれ独立していなければならない。

②　吹出し弁及び吹出しコック　79

ⅰ）吹出し弁及び吹出しコックは、見やすく、かつ、取扱いが容易な位置に取り付けなければならない。

ⅱ）吹出し弁は、スケールその他の沈殿物がたまらない構造とし、かつ、安全上必要な強度を有するものでなければならない。

### 12.1.7　手動ダンパ等

**⑴　手動ダンパ**　80

手動ダンパの操作装置は、取扱いが容易な位置に設けなければならない。

**⑵　爆発戸**　81

ⅰ）ボイラーに爆発戸を設けた場合には、爆発戸の位置がボイラー技士の作業場所から2m以内にあるときは、そのボイラーに爆発ガスを安全な方向へ分散させる装置を設けなければならない。

ii）微粉炭燃焼装置には、爆発戸を設けなければならない。

**(3)　燃焼室に設ける穴** 82

ボイラーの燃焼室には、掃除及び検査のため、内部に入ることのできる大きさのマンホールを設けなければならない。

（例外）炉筒の直径が500㎜以下の炉筒ボイラーであって、その前部又は後部に掃除穴が設けられているもの及び燃焼室に入ることのできる構造のボイラーについては、この規定は適用されない。

**(4)　ボイラーの煙突** 83

ボイラーの煙突は、雨水の浸入によりボイラーに損傷が生ずるおそれのない構造でなければならない。

（例外）雨水の浸入によりボイラーに損傷が生ずるおそれのない位置に設けられる煙突については、この規定は適用されない。

## 12.1.8　自動制御装置

**(1)　自動給水調整装置の取付け** 84

ボイラーに、自動給水調整装置を設ける場合には、これを蒸気ボイラーごとに独立して設けなければならない。

**(2)　低水位燃料遮断装置** 84

自動給水調整装置を有する蒸気ボイラー（貫流ボイラーを除く。）には、それらのボイラーごとに低水位燃料遮断装置（起動時に水位が安全低水面以下である場合及び運転時に水位が安全低水面以下になった場合に、自動的に燃料の供給を遮断する装置をいう。）を設けなければならない。

**(3)　貫流ボイラーの燃料遮断装置** 84

貫流ボイラーについては、ボイラーごとに、起動時にボイラー水が不足している場合及び運転時にボイラー水が不足した場合に、自動的に燃料の供給を遮断する装置又はこれに代わる安全装置を設けなければならない。

**(4)　特定のボイラーについての代替装置** 84

ボイラーのうち次のいずれかに該当するものは、前述(2)の低水位燃料遮断装置の代わりに低水位警報装置（水位が安全低水面以下の場合に警報を発する装置をいう。）を設けることができる。この場合においても低水位警報装置は、ボイラーごとに設けなければならない。

① 燃料の性質又は燃焼装置の構造により、緊急遮断が不可能なもの（例　石炭のストーカだきボイラー等）

② ボイラーの使用条件により、ボイラーの運転を緊急停止することが適さないもの（例　廃熱ボイラーなどにおいて排ガスの供給を直ちに停止できないような場合やボイラーを緊急停止することにより、蒸気を供給しているプラントの稼働に重大な支障が生ずるような場合）

**(5)　燃焼安全装置** 85

① 燃焼安全装置

ボイラーの燃焼装置には燃焼安全装置（燃焼装置の異常消火又は燃焼用空気の異常な供給停止が起こったときに、自動的にこれを検出し、直ちに燃料の供給を

構造規格

遮断することができる装置）を設けなければならない。

（例外）前述(4)の①又は②に掲げた特定の場合には、燃焼安全装置を設けなくてもよい。

②　作動用動力源

燃焼安全装置は、次の機能を有するものでなければならない。

i）作動用動力源が断たれた場合に、直ちに燃料の供給を遮断するものであること。

ii）作動用動力源が断たれている場合及び復帰した場合に、自動的に遮断が解除されるものでないこと（手動で燃焼安全装置を復帰されることによってのみ、燃焼装置が作動可能となって起動位置から再起動が行えるものでなければならないのである。）。

③　自動点火ボイラーの燃焼安全装置

自動的に点火することができるボイラーに用いる燃焼安全装置は、故障その他の原因で点火することができない場合又は点火しても火炎を検出することができない場合には、燃料の供給を自動的に遮断するものであって、手動による操作をしない限り再起動できないものでなければならない（これは、点火装置の不良、燃焼装置の異常などによる点火失敗又は異常消火の原因を除去した後、これを確認したうえ手動で再起動させることによって爆発などの災害を防止するために定められたのである。）。

④　火炎検出機構の自己点検機能

燃焼安全装置について、燃焼に先立ち火炎検出機構の故障その他の原因による火炎の誤検出がある場合には、その燃焼安全装置は燃焼を開始させない機能を有するものでなければならない。

## 12.2　鋳鉄製ボイラー

88

鋳鉄は、その性質上耐圧強さが弱く、また、もろいので次のボイラーは鋳鉄製とすることはできない。

1. 圧力0.1MPaを超えて使用する蒸気ボイラー
2. 圧力0.5MPa（JIS B 8203「鋳鉄ボイラー構造」等の規定によって破壊試験を行って最高使用圧力を算定する場合は、1MPaまで）を超える温水ボイラー
3. 温水温度120℃を超える温水ボイラー

### 12.2.1　安全弁その他の安全装置

94

蒸気ボイラーには、内部の圧力を最高使用圧力以下に保持することができる安全弁その他の安全装置を備えなければならない。

### 12.2.2　逃がし弁及び逃がし管

95

#### ⑴　逃がし弁の機能

逃がし弁は、圧力が最高使用圧力に達すると直ちに作用し、内部の圧力を最高使用圧力以下に保持することができるものでなくてはならない。

#### ⑵　暖房用温水ボイラー

暖房用温水ボイラーには、逃がし弁を備えなければならない。

（例外）開放型膨張タンクに通ずる逃がし管を備えて、内部の圧力を最高使用圧力以下に保持することができる場合は逃がし弁を備えなくてもよい。

### ⑶　給湯用温水ボイラー

給湯用温水ボイラーには、逃がし弁を備えなければならない。

（例外）給水タンクの水面以上に立ち上げた逃がし管を備えた給湯用温水ボイラーについては、逃がし弁は備えなくてもよい。

## 12.2.3　圧力計、水高計及び温度計

96

### ⑴　圧力計

①　取付位置

蒸気ボイラーの蒸気部、水柱管又は水柱管に至る蒸気側連絡管に取り付けなければならない。

②　その他

取付け方法、目盛盤の最大指度については、鋼製ボイラーと同様に（12.1.3 圧力計などの⑴の②及び③のｉ）（111 ページ）を準用する。

### ⑵　水高計

①　取付位置

温水ボイラーには、ボイラー本体又は温水出口付近に水高計を取り付けなければならない。ただし、水高計の代わりに圧力計を取り付けることができる。

②　その他

取付方法、目盛盤の最大指度については、鋼製ボイラーと同様に、12.1.3圧力計などの⑵の②及び③（111～112 ページ）を準用する。

### ⑶　温度計

温水ボイラーの温度計の取付けについては、鋼製ボイラーと同様に 12.1.3 圧力計などの⑶の②（112 ページ）を準用する。

### 12.2.4　水面測定装置等

#### (1)　ガラス水面計　97

①　取付数

蒸気ボイラー（低水位燃料遮断装置又は自動水位制御装置を有するものであって、ガラス水面計に呼び径8A以上の直流形の排水弁又は排水コックを備えたものを除く。）には、ガラス水面計を2個以上備えなければならない。

（例外）ガラス水面計のうち1個は、ガラス水面計でない他の水面測定装置とすることができる。

②　その他

ガラス管の最下部の位置並びに水面計のガラス及び構造については、鋼製ボイラーと同様に12.1.4水面測定装置(1)の②のⅱ)（112ページ）、③及び④（113ページ）を準用する。

#### (2)　験水コック　97

①　取付数と位置

ガラス水面計でない他の水面測定装置として験水コックを設ける場合には、ガラス水面計のガラス管取付位置と同等の高さの範囲において2個以上取り付けなければならない。

②　最下位の験水コックの取付位置

鋼製ボイラーと同様に12.1.4水面測定装置(4)②のⅱ)（115ページ）を準用する。

#### (3)　温水温度自動制御装置　98

温水ボイラーで圧力が0.3MPaを超えるものには、温水温度が120℃を超えないように温水温度自動制御装置を設けなければならない。

## 12.2.5 吹出し管等

99

### ⑴ 吹出し管

① 取付け

蒸気ボイラーには、スケールその他の沈殿物を排出することができる吹出し管であって吹出し弁又は吹出しコックを取り付けたものを備えなければならない。

### ⑵ 吹出し弁又は吹出しコック

① 取付位置

吹出し弁又は吹出しコックは、見やすく、かつ、取扱いの容易な位置に取り付けなければならない。

② 吹出し弁の構造

吹出し弁は、スケールその他の沈殿物のたまらない構造としなければならない。

## 12.2.6 圧力を有する水源からの給水

100

給水が水道その他圧力を有する水源から供給される場合には、その水源からの管を返り管に取り付けなければならない。

# 13　圧力容器構造規格（抜粋）

（数字は、圧力容器構造規格中の条文を示す。）

## 13.1　第一種圧力容器

### 13.1.1　安全弁その他の安全装置

**(1)　取付数**　64

第一種圧力容器には、異なる圧力を受ける部分ごとに安全弁その他の安全装置を備えること。

（例外）ボイラーその他の圧力源と連絡する第一種圧力容器（反応器を除く。）の部分であって、その最高使用圧力が、その圧力源の最高使用圧力以上であるものについては、安全弁を取り付ける必要はない。　64

**(2)　性能**　64

第一種圧力容器内部の圧力を最高使用圧力以下に保持することができる安全弁とすること。（作動圧力の調整については、5.6.3 附属品の管理①（78 ページ）参照）

**(3)　取付方法**

①　第一種圧力容器本体又はこれに附設された管の容易に検査できる位置に取り付けること。

②　弁軸を鉛直にすること。

**(4)　構造**　64

引火性又は有毒性の蒸気を発生する第一種圧力容器については、安全弁を密閉式の構造とするか、又はその蒸気を燃焼し、吸収する等により安全に処理できる構造のものにしなければならない。

**(5)　安全弁及び銘板**　65

最高使用圧力が 0.1MPa を超える第一種圧力容器に備える、リフトが弁座口の径の 1/15 以上の揚程式安全弁及び全量式安全弁については、次の事項を満足しなければならない。

① 安全弁の材料及び構造が日本工業規格（JIS B 8210「蒸気用及びガス用ばね安全弁」）に適合すること又はこれと同等以上の機械的性質を有すること。

② 次の事項を記載した銘板を見やすいところに取り付けること。

イ．製造者の名称又は商標

ロ．呼び径

ハ．設定圧力（単位　MPa）

ニ．吹出し量（単位　kg/h）

### 13.1.2　接近した2以上の第一種圧力容器の特例

66

近接した2基以上の第一種圧力容器を結合して使用する場合であって、これらの第一種圧力容器相互間に弁がないときには、結合して使用する第一種圧力容器を1基の第一種圧力容器とみなして、13.1.1及び13.1.4の規定を適用することができる。

### 13.1.3　ふたの急速開閉装置

67

第一種圧力容器のふたの急速開閉装置は、第一種圧力容器の内部の残留圧力が外部の圧力と等しいときでなければ、そのふたを開けることができない構造とすること。

### 13.1.4　圧力計及び温度計

#### (1) 圧力計

68

第一種圧力容器には、圧力計を次により取り付けること。

① 取付方法

コック又は弁の開閉状況を容易に知ることができること。

② 目盛盤

圧力計の目盛盤の最大指度は、最高使用圧力の1.5倍以上3倍以下の圧力を示す指度とすること。

**(2)　温度計**　69

第一種圧力容器には、その内部に保有する流体の温度を表示する温度計を取り付けなければならない。

（例外）使用時の第一種圧力容器の材料の温度が、第一種圧力容器の最高使用温度を超えるおそれのない場合は、温度計を取り付ける必要はない。

## 13.2　第二種圧力容器

### 13.2.1　銘板　72

第二種圧力容器には、次に示す事項を記載した銘板を取り付けなければならない。

①　製造者の名称又は商標

②　製造年月

③　最高使用圧力

④　水圧試験圧力

### 13.2.2　準用　73

13.1の第一種圧力容器についての規定は、第二種圧力容器に準用する。

構造規格

# 参考 1. ボイラー及び圧力容器に関する法令の体系

ボイラーや圧力容器に関する災害を防止するために必要な規制の基本的な事項に関しては、他の産業安全に関する事項とともに「**労働安全衛生法**（昭和 47 年法律第 57 号）」という法律が定められている（**法律**は、原則として法律案が衆議院と参議院の両院で可決されたときに成立し、官報により公布され施行されて、はじめて法律としての効力を生じることになる。）。

労働安全衛生法に規定されていることを実施するために、法律の対象となるボイラーの範囲や種々の手続などを具体的に定めた「**労働安全衛生法施行令**（昭和 47 年政令第 318 号）」や免許、許可、検査などを受けようとする者に対する手数料の金額を定めた「**労働安全衛生法関係手数料令**（昭和 47 年政令第 345 号）」という政令が定められている（**政令**は、内閣で制定され、関係大臣が署名して官報に公示する。）。

法律や政令を円滑に施行するために更に詳細な手続方法、具体的な実施事項などを定めた規則のうち、ボイラー関係については、「**ボイラー及び圧力容器安全規則**（昭和 47 年労働省令第 33 号）」が定められている（法律や政令に基づいて各省大臣が出す命令を**規則**といい、労働安全衛生法関係については、厚生労働省令として官報により公布される。）。

また、労働災害防止に関する一般的な事項については、「**労働安全衛生規則**（昭和 47 年労働省令第 32 号）」が定められている。

さらに、都道府県労働局長がボイラーの製造を許可する基準、ボイラーを製造するときの構造などの基準、ボイラー技士免許に関する細部の規定などの詳細な技術的基準が必要であるが、これらは「**厚生労働省告示**」という形式で、厚生労働大臣が定めている。

ボイラーに関する法令としては、以上のとおり、法律、政令、省令、告示と 4 段階の法令により運用されているが、ボイラー技士免許試験の受験勉強としては「**ボイラー及び圧力容器安全規則**」を主にして、法律、政令、告示についてはこの規則に関係ある部分を勉強すれば十分である。

なお、職場における災害を防止するため、厚生労働大臣は、事業者が講じる措置で法令の趣旨に沿ったきめ細かな対策を**技術上の指針、自主検査の指針**又は**教育の指針**として公表しているので、ボイラー運転の実務についた場合の参考になる。

ボイラー関係を中心に労働災害防止のための法体系をまとめると、**第1表**となる。

## 第１表　労働安全衛生法の体系

Ⅰ　法律

- 労働安全衛生法

Ⅱ　政令

- 労働安全衛生法施行令
- 労働安全衛生法関係手数料令

Ⅲ　省令

- 労働安全衛生規則
- ボイラー及び圧力容器安全規則
- 労働安全衛生法及びこれに基づく命令に係る登録及び指定に関する省令
- 機械等検定規則

Ⅳ　告示

- ボイラー及び第一種圧力容器製造許可基準
- ボイラー構造規格
- 圧力容器構造規格
- 小型ボイラー及び小型圧力容器構造規格
- 簡易ボイラー等構造規格
- ボイラー技士、ボイラー溶接士及びボイラー整備士免許規程
- 小型ボイラー取扱業務特別教育規程
- ボイラー取扱技能講習、化学設備関係第一種圧力容器取扱作業主任者技能講習及び普通第一種圧力容器取扱作業主任者技能講習規程
- 検査員等の資格等に関する規程
- 登録性能検査機関を登録した告示
- 労働安全衛生法の規定により登録個別検定機関及び登録型式検定機関を登録した等の告示
- 労働安全衛生法及びこれに基づく命令に係る登録及び指定に関する省令第19条の24の32第１項第１号の規定に基づき厚生労働大臣が定めるボイラー実技講習の実施方法を定めた告示
- 労働安全衛生法の規定に基づき指定試験機関を指定した告示
- 労働安全衛生法の規定に基づき指定試験機関に試験実務を行わせることを定めた告示
- ボイラー及び圧力容器安全規則第24条第２項第４号の規定に基づき、自

動制御装置の内容を定める告示

---

V　指針

（技術上の指針）

- ボイラーの低水位による事故の防止に関する技術上の指針
- 油炊きボイラー及びガス炊きボイラーの燃焼設備の構造及び管理に関する技術上の指針

（自主検査指針）

- ボイラーの定期自主検査指針

（教育指針）

- 能力向上教育指針
- 安全衛生教育指針

# 参考 2. 法令の読み方

## 1. 規則の組立て

### 1.1 章・節

規則の範囲が広く、内容が多いため条文数が多くなる場合は、第1章、第2章というように「章」に区分している。「章」をさらに細分する必要がある場合は、「節」に区分している。

これは、条文数が多い法令を章・節に区分し、さらにそれぞれの章節に標題をつけて、どこにどのようなことが規定されているかを知るのに便利なようにするためである。

また、法令の題名のすぐ後に、章節の目次をつけ、各章節に含まれる条文名を括弧書きで表示してある。

したがって、法令の勉強をする場合には、先ず目次を見て、章節の標題から法令の概要を知ることが大切である。

### 1.2 見出し

条文の右肩に、その条文の内容を簡潔に表現したものを括弧書きとしてつけるのが慣例になっている。これを「見出し」と呼んでいる。この「見出し」は原則として条文の1条ごとにつけるのが建前である。連続する二つ以上の条文が同種の内容と考えてよいような事項について規定している場合は、その一群の条文の一番はじめの条文の前に、その一つの群を代表するような見出しをつけ、あとの条文には一々見出しをつけないのが慣例になっている。

### 1.3 条・項

法令は一般的に、第1条、第2条…といったように「条」で構成されている。

一つの条文の中に多くの事項が規定されていて、その内容が複雑になる場合に、その「条」の中で、その規定の文章に区切りをつけて、規定する内容が多少でも変わるごとに、行(ぎょう)を変えることがある。このように行を変えて書かれた一つの規定を「項」とよんでいる。

一つの条の中に、いくつかの「項」があるときは、その一番はじめの「項」を第１項とよび、その次の項目を第２項、以下順に第３項、第４項と呼ぶ。そして、第２項以下の各項にその順番に応じて、2、3、4というように算用数字で「項番号」がつけられる。項が一つしかない場合には、項番号はつけない。

## 1.4　号

「条」や「項」の中で、多くの事項を列記する場合には、「号」を用いて分類する。

「号」は一、二……で表す（**例１**　ボ則第１条の例を参照）。

「号」の中でさらに区分して列記する場合にはイ、ロ、ハ……を用いる（**例２**　令第１条第３号の例を参照）。

## 1.5　「本則」と「附則」

「附則」とは、その法令の施行期日、その法令の施行に伴う経過的措置又はその法令の施行に伴って必要となる他の法令の改廃措置等を規定した附帯的部分をいい、その最初のところに「附則」という表示がしてある。「本則」とは、この附則以外のその法令の本体となる部分を指すが、法令の上では、どこにも「本則」といった表示はない。

**(例1)**

(定義)

**第一条** この省令において、次の各号に掲げる用語の意義は、当該各号に定めるところによる。

一 ボイラー 労働安全衛生法施行令（以下「令」という。）第一条第三号に掲げるボイラーをいう。

二 小型ボイラー 令第一条第四号に掲げる小型ボイラーをいう。

三 第一種圧力容器 令第一条第五号に掲げる第一種圧力容器をいう。

四 小型圧力容器 令第一条第六号に掲げる小型圧力容器をいう。

五 第二種圧力容器 令第一条第七号に掲げる第二種圧力容器をいう。

六 最高使用圧力 蒸気ボイラー若しくは温水ボイラー又は第一種圧力容器若しくは第二種圧力容器にあってはその構造上使用可能な最高のゲージ圧力（以下「圧力」という。）をいう。

**(例2)**

(定義)

**第一条** この政令において、次の各号に掲げる用語の意義は、当該各号に定めるところによる。

一 （略）

二 （略）

三 ボイラー 蒸気ボイラー及び温水ボイラーのうち、次に掲げるボイラー以外のものをいう。

イ ゲージ圧力〇・一メガパスカル以下で使用する蒸気ボイラーで、厚生労働省令で定めるところにより算定した伝熱面積（以下「伝熱面積」という。）が〇・五平方メートル以下のもの又は胴の内径が二百ミリメートル以下で、かつ、その長さが四百ミリメートル以下のもの

ロ ゲージ圧力〇・三メガパスカル以下で使用する蒸気ボイラーで、内容積が〇・〇〇〇三立方メートル以下のもの

ハ 伝熱面積が二平方メートル以下の蒸気ボイラーで、大気に開放した内径が二十五ミリメートル以上の蒸気管を取り付けたもの又はゲージ圧力〇・〇五メガパスカル以下で、かつ、内径が二十五ミリメートル以上のU型立管を蒸気部に取り付けたもの

ニ ゲージ圧力〇・一メガパスカル以下の温水ボイラーで、伝熱面積が四平方メートル以下のもの

ホ （略）

（以下略）

## 2. 法令に用いられる用語

法令では、内容を正確に表すために、類似の用語を正確に使い分けている。以下、主要なものを説明する。

### 2.1 「かつ」

『「A」かつ「B」』ということは、AとBの条件を共に満たすことを示す。

**例2**　令第1条第3号イの例でみると「胴の内径が200ミリメートル以下で、**かつ**、その長さが400ミリメートル以下の蒸気ボイラー」とは、「胴の内径が200ミリメートル以下であって、その胴の長さが400ミリメートル以下の蒸気ボイラー」をいうのであって、「胴の内径が200ミリメートル以下であっても、胴の長さが400ミリメートルを超える蒸気ボイラー」や「胴の長さが400ミリメートル以下であっても、胴の内径が200ミリメートルを超える蒸気ボイラー」は、この蒸気ボイラーには含まれない。

### 2.2 「及び」と「並びに」

「及び」と「並びに」は、ともに数個の語を結合する接続詞として用いられる語で、同じ意味であるが、次のように使いわけている。

AとBを接続するときは「A及びB」、AとBとCを接続するときは「A、B及びC」、それ以上いくつあっても一番最後の接続だけに「及び」を使う（**例3**　ボ則第3条第2項第2号の例を参照）。

| **(例3)** ボイラーの製造**及び**検査のための設備の種類、能力**及び**数 |
| --- |

この接続が二段階になる場合、例えば、まず、AとBをつなぎ、それからこのA・BのグループとCをつなぐというような場合には、「及び」のほかに「並びに」を使い、小さい方の接続に「及び」を使い、大きい方の接続に「並びに」を使う（**例4**　ボ則第10条第2項の例を参照）。

**(例 4)** 建築物又は他の機械等とあわせてボイラーについて法第 88 条第 1 項の規定による届出をしようとする場合にあっては、安衛則第 85 条第 1 項に規定する届書**及び**書類の記載事項のうち前項のボイラー設置届**並びに**ボイラー明細書**及び**書面の記載事項と重複する部分の記入は要しないものとすること。

### 2.3 「又は」と「若しくは」

「又は」と「若しくは」はどちらも選択的な接続に使用される。A か B かあるいは A か B か C かというような単純・並列的な選択的な接続の場合は、「又は」が使われる。この選択的接続が二段階になる場合、つまり、A 又は B というグループがあって、これと C とを対比しなければならないような場合は、「A 若しくは B 又は C」というように、小さい方に「若しくは」を使い、大きい接続の方に「又は」を使う（**例 5** ボ則第 6 条第 2 項第 2 号の例を参照）

**(例 5)** 管**若しくは**リベットを抜き出し、**又は**板**若しくは**管に穴をあけること。

### 2.4 「この限りでない」

あることがらについて、その前に出てくる規定の全部又は一部の適用をある特定の場合に打ち消したり、除外する意味に用いられる。次の例のように、ただし書きの語尾として使われる（**例 6** ボ則第 3 条第 1 項の例を参照）。

**(例 6)** あらかじめ、……の許可を受けなければならない。ただし、すでに当該許可を受けているボイラーと型式が同一であるボイラーについては、**この限りでない**。

### 2.5 「準用する」

ある事項を規定しようとする場合に、それと本来の性質が異なる他の事項に関する規定を借りてきて、これに適当な修正を加えて用いることである（**例 7** ボ則第 40 条第 2 項の例を参照）。

**(例 7)** 第 6 条第 2 項及び第 3 項の規定は、ボイラーに係る性能検査について**準用する**。この場合において……。

## 2.6 「以上」「以下」、「超える」「未満」

一定の数量を基準として、それより数量が多いとか、少ないことを表す場合の用語としては、「以上」、「以下」、「超える」、「未満」という言葉が使われる。

### 2.6.1 「以上」

「以上」は、一定の数量を基準として、その基準の数量を含んでそれより多い場合である。「大気への開放管の内径25㎜**以上**」は、25㎜を含んでそれより太い内径を表す（数式で表すと、内径≧25となる。令第1条第3号ハの例）。

### 2.6.2 「以下」

「以下」は、一定の数量を基準として、その基準の数量を含んでそれより少ない場合である。「内径25㎜**以下**」は、25㎜を含んでそれより細い内径を表す（数式で表すと、内径≦25㎜となる）。

### 2.6.3 「超える」

「超える」は、一定の数量を基準として、その基準の数量を含まずにそれより多い場合である。「管寄せの内径150㎜を**超える**」は、150㎜を含まずにそれより太い内径を表す（数式で表すと、内径＞150㎜となる。令第1条第3号ホの例）。

### 2.6.4 「未満」

「未満」は、一定の数量を基準として、その基準の数量を含まずにそれより少ない場合である。「内径150㎜**未満**」は、150㎜を含まずにそれより細い内径を表す（数式で表すと、内径＜150㎜となる）。

# メモ

# 参考 3. 行政機関と権限

ボイラー及び圧力容器に関する災害防止は、労働者の働く環境の整備を図り、国民生活の保障及び向上に寄与するという見地から厚生労働省の所管となっている。

この行政を能率的に遂行するため、ボイラー及び圧力容器に関する災害の防止は、厚生労働大臣のもとに、**労働基準局**が担当している。労働基準局では、ボイラー等の関係は、安全衛生部が担当している。

地方機関としては、各都道府県に**都道府県労働局**が設置され、安全課又は健康安全課がボイラー等の関係を担当している。さらに第一線の機関として、各都道府県内に**労働基準監督署**が設置され、それぞれの管轄区域内の行政を分担している。

**第 2 表**には、このボイラー及び圧力容器に関する災害防止のための行政機関（抜粋）を掲げ、関係ある権限の例を併せて記した。

## 第 2 表　ボイラー等災害防止の行政機関と権限（抜粋）

| | |
|---|---|
| 1. 厚生労働省（厚生労働大臣） | |
| ボイラー等の登録製造時等検査機関の登録 | 法 46 |
| ボイラー等の登録性能検査機関の登録 | 法 53 の 3 |
| 登録個別検定機関（第二種圧力容器等）等の登録 | 法 54 |
| 指定試験機関（ボイラー技士等免許試験）の指定 | 法 75 の 2 |
| ボイラー構造規格等の制定 | 法 37、法 42 |
| 技術指針等の公表 | 法 28 |
| 2. 所轄都道府県労働局（局長）（47 局） | |
| ボイラー等の製造許可 | 法 37、ボ則 3. 49 |
| ボイラー等の構造検査*（登録製造時等検査機関がない場合） | 法 38、ボ則 5. 5 の 2. 51. 51 の 2 |
| ボイラー等の溶接検査*（同上） | 法 38、ボ則 7. 7 の 2. 53. 53 の 2 |
| ボイラー等の使用検査*（同上） | 法 38、ボ則 12. 12 の 2. 57. 57 の 2 |
| 移動式ボイラーの検査証の交付（同上） | 法 39、ボ則 5（第 5 項）、5 の 2 |
| 移動式第一種圧力容器の検査証の交付（同上） | 法 39、ボ則 51（第 5 項）、51 の 2 |

| | |
|---|---|
| ボイラー技士等の免許の付与 | 法 72、ボ則 97 |
| 登録教習機関の登録 | 法 77 |
| ＊ボイラー等の製造時等検査は、原則として登録製造時等検査機関 | |
| 3. 所轄労働基準監督署（署長）（321 署＋ 4 支署） | |
| ボイラー等の設置届 | 法 88、ボ則 10. 56 |
| 移動式ボイラーの設置報告 | 法 100、ボ則 11 |
| ボイラー等の落成検査 | 法 38、ボ則 14. 59 |
| ボイラー等の検査証の交付 | 法 39、ボ則 15. 60 |
| ボイラー等の性能検査*（登録性能検査機関のない場合） | 法 41、ボ則 38. 73 |
| ボイラー等の事故報告（破裂・煙道ガス爆発等） | 法 100、規 96 |
| ボイラー等の変更届 | 法 88、ボ則 41. 76 |
| ボイラー等の変更検査 | 法 38、ボ則 42. 77 |
| 事業者の変更（変更後 10 日以内） | 法 40、ボ則 44. 79 |
| ボイラー等の休止報告 | 法 100、ボ則 45. 80 |
| ボイラー等の使用再開検査 | 法 38、ボ則 46. 81 |
| ボイラー等の廃止 | 法 39、ボ則 48. 83 |
| ＊ボイラー等の性能検査は原則として登録性能検査機関 | |

# 附録 1. ボイラー及び第一種圧力容器関係の規制一覧

(1) ボイラー（移動式ボイラーを除く。）及び第一種圧力容器（移動式第一種圧力容器を除く。）

（製造許可申請）→ 製造許可 → （溶接検査申請）→ 溶接検査 → 溶接明細書交付 → （構造検査申請）→ 構造検査 → ボイラー又は第一種圧力容器明細書交付 → （設置届）※8 ※9 → 設置届審査 → （設置）

輸入したもの → （使用検査申請）→ 使用検査 → ボイラー又は第一種圧力容器明細書交付 → （設置届）

ボイラー又は第一種圧力容器明細書交付 ─ ※1 → （使用検査申請）

（設置）→ （落成検査申請）※10 → 落成検査 → 検査証交付 → （使用）

（設置）─ ※6 → 検査証交付

（使用）※3 → （性能検査申請）→ 性能検査 → （使用）

性能検査 → （検査証返還）→ 廃止

性能検査 ─ ※4 → 休止

性能検査 ─ ※5 → （休止報告）※9 → 休止

休止 → （使用再開検査申請）→ 使用再開検査 → 検査証裏書 → （使用）

（使用）─ ※2 → （使用検査申請）

廃止 → （使用検査申請）

（変更届）※7 ※9 → 変更届審査 → （変更検査申請）※10 → 変更検査 → 検査証裏書 → （使用）

変更届審査 ─ ※6 → 検査証裏書

**(注)**

※1　検査を受けた後1年以上（設置しない期間の保管状況が良好であると都道府県労働局長が認めたボイラーについては2年以上）設置されなかった場合（2.2.5(1)①ⅱ)／5.2.4)。

※2　有効期間を満了したもの（同上)。

※3　有効期間満了前に受検する場合（2.3.1②／5.3.1)。

※4　休止期間が有効期間内の場合。

※5　休止期間が有効期間を経過した後にわたる場合（2.4.3③／5.4.3)。

※6　所轄労働基準監督署長が検査の必要がないと認めた場合（2.2.3⑥ⅱ), 2.4.1(2)⑥ⅰ)／5.2.2, 5.4.1)。

※7　ボイラーにおいては2.4.1(1)①、第一種圧力容器においては5.4.1(1)に掲げる部分に変更を加えた場合。

※8　設置届は、溶接検査、構造検査又は使用検査の受検前であっても提出することができる。

※9　計画届の免除の認定を受けた事業者は設置届、変更届及び休止報告を要しない。

※10　計画届の免除の認定を受けて設置届をしていない事業者で、落成検査又は変更検査を受けようとするものは、落成検査の申請書にボイラー・第一種圧力容器の明細書又は変更検査の申請書にボイラー・圧力容器の検査証等必要な書面を添付しなければならない。

**備考**

1　三重枠は所轄都道府県労働局長が行い、二重枠は登録製造時等検査機関（登録製造時等検査機関がない場合は、所轄都道府県労働局長（使用検査及びそれに関連する明細書の交付については都道府県労働局長））が行う。

2　一重枠のうち、性能検査（網掛け部）については登録性能検査機関（登録性能検査機関がない場合は、所轄労働基準監督署長）が行い、その他は所轄労働基準監督署長が行う（2.3.1④／5.3.1)。

## (2) 移動式ボイラー及び移動式第一種圧力容器

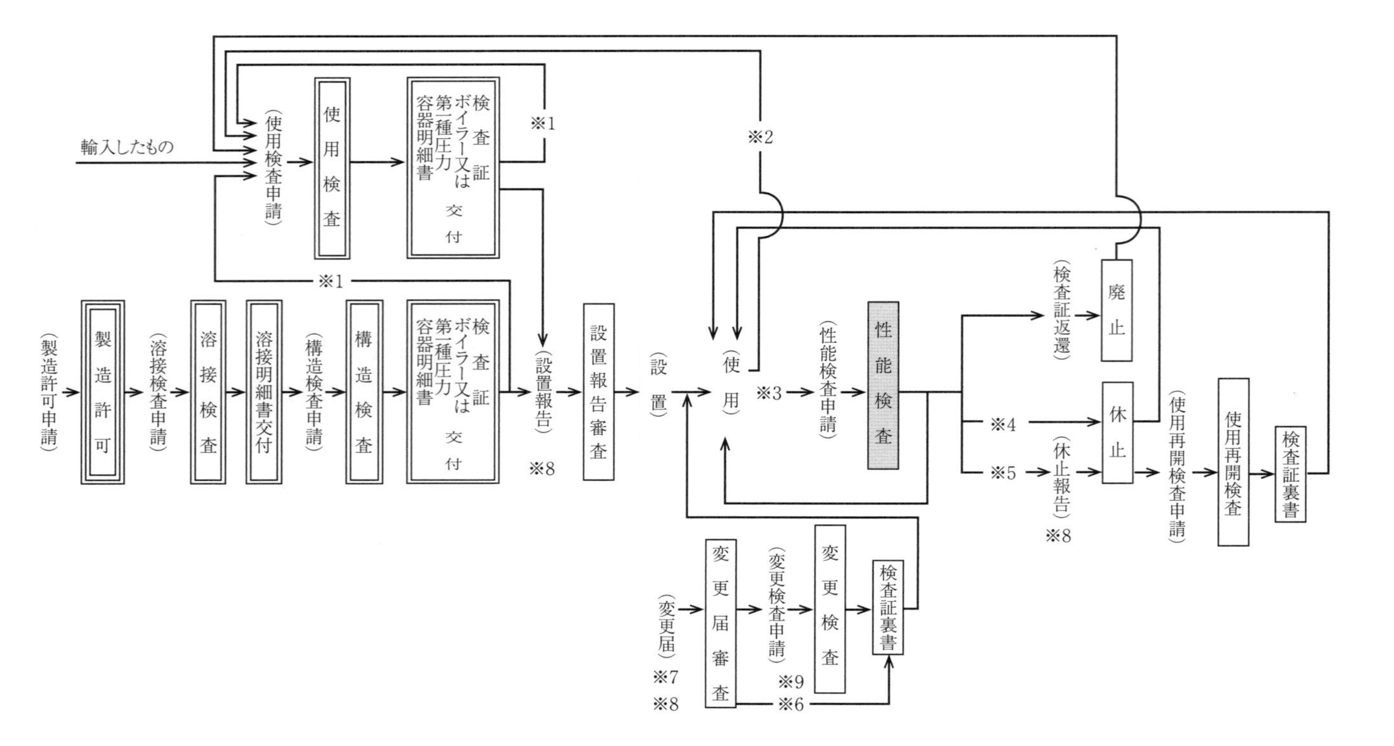

**（注）**

※1　検査を受けた後1年以上（設置しない期間の保管状況が良好であると都道府県労働局長が認めたボイラー又は第一種圧力容器については2年以上）設置されなかった場合（2.2.5⑴①ⅱ）／5.2.4）。

※2　有効期間を満了したもの（同上）。

※3　有効期間満了前に受検する場合（2.3.1②／5.3.1）。

※4　休止期間が有効期間内の場合。

※5　休止期間が有効期間を経過した後にわたる場合（2.4.3③／5.4.3）。

※6　所轄労働基準監督署長が検査の必要がないと認めた場合（2.2.3⑥ⅱ），2.4.1⑵⑥ⅰ）／5.2.2，5.4.1）。

※7　ボイラーにおいては2.4.1⑴①、第一種圧力容器においては5.4.1⑴に掲げる部分に変更を加えた場合。

※8　計画届の免除の認定を受けた事業者は設置報告、変更届及び休止報告を要しない。

※9　計画届の免除の認定を受けて変更届をしていない事業者で、変更検査を受けようとするものは、変更検査の申請書に移動式ボイラー又は移動式第一種圧力容器の検査証等必要な書面を添付しなければならない。

**備考**

1　三重枠は所轄都道府県労働局長が行い、二重枠は登録製造時等検査機関（登録製造時等検査機関がない場合は、所轄都道府県労働局長（使用検査及びそれに関連する明細書の交付については都道府県労働局長））が行う。

2　一重枠のうち、性能検査（網掛け部）については登録性能検査機関（登録性能検査機関がない場合は、所轄労働基準監督署長）が行い、その他は所轄労働基準監督署長が行う（2.3.1④／5.3.1）。

# 附録 2. ボイラー及び圧力容器安全規則によるボイラー等の規模別規制一覧表

| 種類 | | 規模 | 申請<br>製造許可 |
|---|---|---|---|
| ボイラー | ボイラー<br>(1.1.3(3)) | 小規模ボイラー、小型ボイラー及び簡易ボイラーを除くボイラー | 3 |
| | 小規模ボイラー<br>(1.1.3(3)) | イ．蒸気ボイラー（750㎜≧ D、かつ、1,300㎜≧ L）<br>ロ．蒸気ボイラー（3㎥≧ HS）<br>ハ．温水ボイラー（14㎥≧ HS）<br>ニ．貫流ボイラー（30㎥≧ HS　気水分離器を有するものは 400㎜≧ ds、かつ、0.4㎥≧ Vs に限る。） | 3 |
| | 小型ボイラー<br>(1.1.3(2)) | イ．蒸気ボイラー（0.1MPa ≧ P で① 0.5㎥＜ HS ≦ 1㎥又は② 200㎜＜ D ≦ 300㎜、かつ、400㎜＜ L ≦ 600㎜）<br>ロ．蒸気ボイラー（2㎥＜ HS ≦ 3.5㎥で①大気開放管（d ≧ 25㎜）又は② U 形立管（0.05MPa ≧ P, d ≧ 25㎜）を蒸気部に設けたもの）<br>ハ．温水ボイラー（0.1MPa ≧ P, 4㎥＜ HS ≦ 8㎥）<br>ニ．温水ボイラー（0.2MPa ≧ P, HS ≦ 2㎥）<br>ホ．貫流ボイラー（150㎜＜ $d_H$ の多管式を除く。200㎜＜ ds ≦ 300㎜, 0.02㎥＜ Vs ≦ 0.07㎥）で（1MPa ≧ P, 5㎥＜ HS ≦ 10㎥） | |
| 簡易ボイラー<br>(1.1.3(1)) | | イ．蒸気ボイラー（0.1MPa ≧ P で① 0.5㎥≧ HS 又は② 200㎜≧ D、かつ、400㎜≧ L）<br>ロ．蒸気ボイラー（0.3MPa ≧ P で 0.0003㎥≧ V）<br>ハ．蒸気ボイラー（2㎥≧ HS で①大気開放管（d ≧ 25㎜）又は② U 形立管（0.05MPa ≧ P, d ≧ 25㎜）を蒸気部に設けたもの）<br>ニ．温水ボイラー（0.1MPa ≧ P, 4㎥≧ HS）<br>ホ．貫流ボイラー（150㎜＜ $d_H$ の多管式を除く。200㎜≧ ds, 0.02㎥≧ Vs）で（1MPa ≧ P, 5㎥≧ HS）<br>ヘ．貫流ボイラー（0.004㎥≧ V で管寄せ及び気水分離器のないもの）（0.02 ≧ P・V） | |
| 第一種圧力容器 | 第一種圧力容器<br>(1.4.1(2)④) | 1.4.1(1)の①～④に掲げる容器（小型圧力容器、（簡易）容器及び適用外の容器を除く。） | 49 |
| | 小型圧力容器<br>(1.4.1(2)③) | 第一種圧力容器のうち次のもの<br>イ．0.1MPa ≧ P で① 0.04㎥＜ V ≦ 0.2㎥又は② 200㎜＜ D ≦ 500㎜、かつ、1,000㎜≧ L<br>ロ．0.004 ＜ P・V ≦ 0.02 | |
| （簡易）容器<br>(1.4.1(2)②) | | 1.4.1(1)の①～④に掲げる容器で次のもの<br>イ．0.1MPa ≧ P で① 0.01㎥＜ V ≦ 0.04㎥又は② 200㎜≧ D、かつ、1,000㎜≧ L<br>ロ．0.001 ＜ P・V ≦ 0.004 | |
| 第二種圧力容器<br>(1.4.2(1)③) | | 0.2MPa ≦ P で① 0.04㎥≦ V 又は② 200㎜≦ D、かつ、1,000㎜≦ L | |
| （圧力気体保有）容器<br>(1.4.2(1)②) | | 大気圧＜ P で 0.1㎥＜ V（1.4.1(1)の①～④に掲げる容器及び第二種圧力容器を除く。） | |

（注）1. 規模の欄の記号は、それぞれ次の値を表す。

D　：胴の内径（㎜）
L　：胴の長さ（㎜）
HS ：伝熱面積（㎥）
P　：ゲージ圧力 MPa
V　：内容積（㎥）
ds ：貫流ボイラーの気水分離器の内径（㎜）
Vs ：貫流ボイラーの気水分離器の内容積（㎥）
$d_H$ ：貫流ボイラーの管寄せの内径（㎜）
d　：管の内径（㎜）

| 規制 | | | | | | | | | | | | | | | | | | | |
|---|---|---|---|---|---|---|---|---|---|---|---|---|---|---|---|---|---|---|---|
| 構造検査申請 | 溶接検査申請 | 設置届※ | 使用検査申請 | 落成検査申請 | 譲渡使用制限 | 定期自主検査 | 検定 | 性能検査申請 | 変更届※ | 変更検査申請 | 休止報告※ | 使用再開検査申請 | 設置報告※ | 取扱作業主任者 | 据付け作業の指揮者 | 就業制限 | | | 特別の教育 |
| | | | | | | | | | | | | | | | | 取扱業務 | 整備業務 | 溶接業務 | |
| 5<br>5-2 | 7<br>7-2 | 10(除移動式) | 12<br>12-2 | 14(除移動式) | 26(使用)<br>法40(譲渡) | 32(一月以内) | | 38<br>39<br>39-2 | 41 | 42 | 45 | 46 | 11(移動式) | 24 | 16 | 23 | 35 | 9 | |
| 5<br>5-2 | 7<br>7-2 | 10(除移動式) | 12<br>12-2 | 14(除移動式) | 26<br>法40 | 32(一月以内) | | 38<br>39<br>39-2 | 41 | 42 | 45 | 46 | 11(移動式) | 24 | | 23 | | 9 | |
| | | | | | 法42(規27) | 94(一年以内) | 90-2 | | | | | | 91 | | | | | | 92(取扱の業務) |
| | | | | | 法42(規27) | | | | | | | | | | | | | | |
| 51<br>51-2 | 53<br>53-2 | 56(除移動式) | 57<br>57-2 | 59(除移動式) | 64(使用)<br>法40(譲渡) | 67(一月以内) | | 73<br>74<br>74-2 | 76 | 77 | 80 | 81 | 56の2(移動式) | 62<br>(注)4 | | | 70<br>(注)5 | 55 | |
| | | | | | 法42(規27) | 94(一年以内) | 90-2 | | | | | | | | | | | | |
| | | | | | 法42(規27) | | | | | | | | | | | | | | |
| | | | | | 法42(規27) | 88(一年以内) | 84 | | | | | | | | | | | | |
| | | | | | 法42(規27) | | | | | | | | | | | | | | |

2. 「規制」の欄の数字は、次の法令の条文を示す。
法　：労働安全衛生法
規　：労働安全衛生規則
無印：ボイラー及び圧力容器安全規則

3. ※　：計画届の免除規定（25ページ参照）

4. 表5.1（76ページ）参照

5. 5.6.6(2)（80ページ）参照

## 日本ボイラ協会支部が開催する主な講習会

### ◇ 二級ボイラー技士免許試験受験準備講習

二級ボイラー技士を目指す方のために、合格のポイントをわかりやすく解説し、全員合格を目指して行われる受験準備のための講習です。

二級だけでなく、一級、特級のボイラー技士やボイラー溶接士免許試験の受験者向けの講習会も開催しています。

### ◇ ボイラー実技講習

二級ボイラー技士免許を取得するには、学科試験に合格するほか、一定の実務経験などが必要になります。

本講習会は、この実務経験などの一つに位置付けられており、ボイラー取扱いなどの経験を得る機会のない方に向けた講習です。

ボイラー実技講習

### ◇ 普通・化学設備関係第一種圧力容器取扱作業主任者技能講習

普通第一種圧力容器と、化学設備の第一種圧力容器の取扱作業主任者を目指す方のための講習です。

このほか、当協会の各支部では、ボイラー取扱技能講習、小型ボイラー取扱業務特別教育などの講習会を開催しています。詳しくは、150ページの「一般社団法人 日本ボイラ協会 支部所在地一覧」をご覧の上、最寄りの支部へ直接お尋ねいただくか、各支部ホームページをご覧ください。

# 一般社団法人 日本ボイラ協会　支部所在地一覧

2023年7月現在

| 支部名 | 〒 | 住　　所 | TEL |
|---|---|---|---|
| 北海道 | 060-0807 | 札幌市北区北7条西2-20　NCO札幌駅北口8階 | 011-717-8636 |
| 宮　城 | 980-0011 | 仙台市青葉区上杉3-3-48　同心ビル2階 | 022-224-2245 |
| 福　島 | 960-8041 | 福島市大町4-4　東邦スクエアビル3階 | 024-522-6718 |
| 茨　城 | 310-0022 | 水戸市梅香1-5-5　茨城県JA会館分館3階 | 029-225-6185 |
| 栃　木 | 321-0962 | 宇都宮市今泉町847-22　利一ビル3階 | 028-621-3431 |
| 群　馬 | 371-0805 | 前橋市南町4-30-3　勢多会館1階 | 027-243-3178 |
| 埼　玉 | 330-0062 | さいたま市浦和区仲町3-8-10　エクセレンスビル501 | 048-833-0011 |
| 千　葉 | 260-0031 | 千葉市中央区新千葉3-2-1　新千葉プラザ308号 | 043-246-4753 |
| 東　京 | 105-0004 | 東京都港区新橋5-3-1　JBAビル2階 | 03-5425-7770 |
| 神奈川 | 221-0835 | 横浜市神奈川区鶴屋町2-21-1　ダイヤビル6階 | 045-311-6325 |
| 新　潟 | 951-8067 | 新潟市中央区本町通7-1153　新潟本町通ビル8階 | 025-224-5561 |
| 長　野 | 380-0813 | 長野市鶴賀緑町1403　大通り昭和ビル2階 | 026-235-3755 |
| 富　山 | 930-0018 | 富山市千歳町2-12-11 | 076-432-8174 |
| 石　川 | 920-0901 | 金沢市彦三町2-5-27　名鉄北陸開発ビル9階 | 076-263-9277 |
| 福　井 | 910-0065 | 福井市八ツ島町31-406-2　ルート第一ビル201 | 0776-26-4581 |
| 岐　阜 | 500-8152 | 岐阜市入舟町三丁目10番地　サンケンビル2階 | 058-201-1176 |
| 静　岡 | 422-8067 | 静岡市駿河区南町14-25　エスパティオ7階702号室 | 054-285-1086 |
| 愛　知 | 465-0064 | 名古屋市名東区大針1-23 | 052-784-8111 |
| 三　重 | 514-0006 | 津市広明町112-5　第3いけだビル3階 | 059-226-4895 |
| 京　滋 | 604-8261 | 京都市中京区御池通油小路東入　ジョイ御池ビル2階 | 075-255-2358 |
| 大　阪 | 540-0033 | 大阪市中央区石町2-5-3　エル・おおさか南館12階 | 06-6942-0721 |
| 兵　庫 | 650-0015 | 神戸市中央区多聞通3-3-16　甲南第1ビル1005号室 | 078-351-2118 |
| 和歌山 | 640-8262 | 和歌山市湊通り丁北1丁目1-8　和歌山県建設会館2階 | 073-433-0343 |
| 岡　山 | 700-0986 | 岡山市北区新屋敷町1-1-18　山陽新聞新屋敷町ビル7階 | 086-239-9077 |
| 広　島 | 730-0017 | 広島市中区鉄砲町7-8　NEXT鉄砲町ビル3階 | 082-228-4660 |
| 山　口 | 745-0034 | 周南市御幸通り1-5　徳山御幸通ビル3階 | 0834-32-2942 |
| 徳　島 | 770-0854 | 徳島市徳島本町3-13　大西ビル4階 | 088-625-1158 |
| 香川検査事務所(講習) | 760-0017 | 高松市番町3-3-17　第1讃機ビル4階 | 087-831-9398 |
| 愛　媛 | 790-0012 | 松山市湊町8-111-1　愛建ビル4階 | 089-947-0384 |
| 福　岡 | 812-0038 | 福岡市博多区祇園町1-28　いちご博多ビル4階　D室 | 092-710-5225 |
| 熊　本 | 862-0971 | 熊本市中央区大江6-24-13　天神コーポラス2階 | 096-362-7775 |
| 大　分 | 870-0023 | 大分市長浜町3-15-19　大分商工会議所ビル3階 | 097-532-5749 |
| 鹿児島 | 892-0816 | 鹿児島市山下町9-31　第一ボクエイビル205号 | 099-223-1544 |
| 沖　縄 | 901-2131 | 浦添市牧港5-6-8　沖縄県建設会館5階 | 098-878-2441 |

| 本　部 | 105-0004 | 港区新橋5-3-1　JBAビル | 03-5473-4500 |
|---|---|---|---|

## 日本ボイラ協会発行の二級ボイラー技士受験関係書籍

オリジナルの多数のイラストとそれに対応したわかりやすい解説！

### (新版)最短合格!! 2級ボイラー技士試験

A5判・405頁

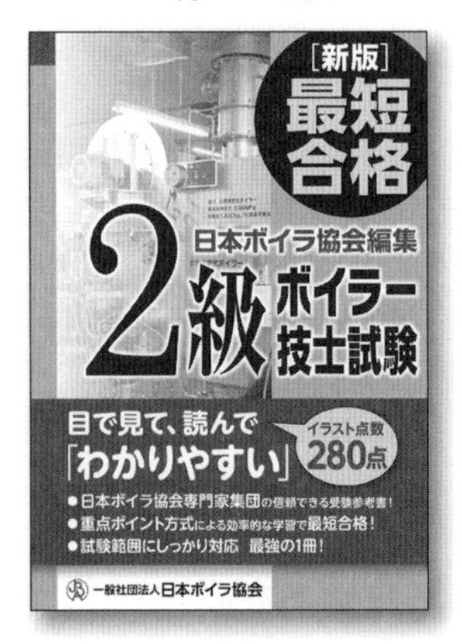


受験対策用だけでなく、実際に取扱い業務に従事されている方の座右の書！

### 二級ボイラー技士教本

A5判・294頁

各種ボイラー・附属品・附属装置などをカラーによる図や写真で説明！

### 〔新版〕ボイラー図鑑

A5判・92頁

過去3年間に、出題された公表問題に解答とわかりやすい解説を付けた問題集！

### 2級ボイラー技士試験
### 公表問題解答解説

A5判・249頁

これらの書籍のご注文は、当協会支部
(150ページ参照)までお問い合わせください。

# メモ

メモ

●本書の正誤表等の発行及び法令の改正に関しては，下記の当協会ホームページで適宜お知らせしています。

一般社団法人 日本ボイラ協会　図書オンラインショップ

URL https://ec.jbanet.or.jp/onlineshop/

●**お問い合わせについて**

本書に関するご質問は，FAX または書面でお願いします。電話での直接のお問い合わせにはお答えできませんので，あらかじめご了承ください。

ご質問の際には，書名と該当ページ，返信先を明記してください。お送りいただいた質問は，場合によっては回答にお時間をいただくこともございます。なお，ご質問は本書に記載されているもののみとさせていただきます。

●お問い合わせ先

〒105-0004　東京都港区新橋 5-3-1　JBA ビル

一般社団法人 日本ボイラ協会　技術普及部技術担当

FAX : 03-5473-4522



わかりやすいボイラー及び圧力容器安全規則［新版］

2014 年 11 月 4 日　第 1 版第 1 刷発行
2021 年 9 月 1 日　第 1 版第 6 刷発行
2023 年 7 月 6 日　第 2 版第 1 刷発行

編集・発行　一般社団法人 日本ボイラ協会
郵便番号　105-0004
東京都港区新橋 5-3-1
電話 03-5473-4500 ㈹
URL http://www.jbanet.or.jp/

印刷／製本　日興美術㈱
ISBN 978-4-907619-29-9